UNE CARTOGRAPHIE
DU PLAISIR

JOUISSANCE CLUB

作者／茱諾・普拉 JÜNE PLÃ　　翻譯／韓書妍　　審訂／許藍方博士

目錄

給Takumi：

「寶貝，讓我們來聊性
讓我們聊聊我和你
讓我們聊聊所有的好東西
以及最可能的壞事情
讓我們來聊性」

Salt-N-Pepa

前言

性是人人避而不談的主題。雖然這個字處處可見，報紙裡，電視上，晚間聚會的男男女女也掛在嘴邊，但是這個字常常遮遮掩掩，遁入所有複雜奇怪詞語的靜默之下。

我們沒有性教育課程，也從未有過性革命。道德的箝制依舊在那兒，僵硬又充滿矛盾，做愛的方式與感覺都千篇一律。其他種不一樣的或鮮為人知的性愛方式，都不能搬上檯面，甚至被歧視。難道性就是這樣死板又單一，同時還打著自由旗幟的口號？不對吧！我們應該先探索自己的性器官，了解它帶給自己和他人歡愉的方式有上千種，五花八門，甚至千奇百怪。而其中並沒有孰優孰劣、不需評分比較，更不是競賽。

幸好，現在前途光明。許多像本書的書籍問世，旨在打造性資訊豐富又刺激的未來。因為沒有人天生就很會做愛，享受性愛需要正確的知識，且我們需要破除陳腐的性愛偏見，甚至我們並不了解自己和伴侶的身體。

我們必須起身改變，性革命正在發生，透過社群網路、透過像歡愉俱樂部這樣的Instagram帳號，讓不同的話語有不受傳統約束的發聲之處。這些

聲音將解放數百萬個活在枷鎖中、沒有受到性教育或是受錯誤性教育的人們，讓他們擺脫毫無彈性，缺乏自由且乏味無聊的性生活。

我們不再需要來自傳統框架和衛道人士的指手劃腳，而是傾聽每一個人的聲音——那些探索並提供想法和解決之道的男女，那些性別平等、女性主義和思想更多元開放的人們。

馬汀・帕吉

《插入之外》（Au-delà de la penetration, aux éditions Monstrograph, 2019）的作者

歡迎來到俱樂部

朋友，非常感謝你買下這本書。你會將這本書捧在手中的原因，證明你是一個好人：你值得春花怒放的性生活，還有一個大大的吻。

我叫做茉諾（可不是豬諾，注意啦！）。從小我就非常喜歡畫畫，而我（真的非常幸運）能夠以此為業，因為現在的我是電玩業的角色設計師。我在普羅旺斯的藍天丘陵之間長大，就在全世界最美麗（但也是性別歧視最嚴重）的城市馬賽附近。我花了很長一段時間才明白「女性主義」並不是髒話，而女性值得和男人一樣受重視。由於一大堆不實宣傳，像是「她們都不會開車啦」、「你跑步的樣子好娘」、「所有的天才都是男性是有原因的」、「去幫你媽打掃」，以及其他厭女的玩笑話，我真的以為我們女性在各方面就是低人一等。更糟的是，我還曾不經意地參與其中，斥責

女性主義，強化這類事情的觀點……因為身為「女性主義者」的想法並不被周遭人接受，我可不想被說是「蕭查某／歇斯底里」，你們懂吧？然而，即便有時候這些事情讓我很不舒服，我仍然相信，某些口出惡言的男性也是父權主義體制下的受害者吧。

沒錯，我們必須起身抗議、必須大吼，要憤怒、燒毀根深柢固的想法。從現在起，我尊敬勇於高聲大喊人們不想聽見的事物的女性，我敬佩她們的勇氣和力量。我喜歡將我們想像成一個大團隊，每個人用自己的方法抵達終點。在這個團隊中，與其說自己是進攻者，不如說我自認為是中場，或是調節者，因為我認為，有時候溫柔和善良結合抗爭，甚至可以改變最難搞的老頑固。所以我是女性主義者，並對人性，善良，集體智慧充滿信念。但我們如果不集合力量仍無法解決困境，因此我的女性主義並不只是為女人抗爭，並順應時局改變，更準確地說，應該叫做「人道主義者」。

不過我還是維持女性主義者，這是為了對抗各式各樣的歧視。但我並不只為順性別（你們可能不知道，不過如果你生來有陰道，而且你認同出生時被註冊為女性，那你就是順性別）而抗爭，而是所有的平權抗爭都很重要，否則某些類型的人（如少數族群）仍然會被歸於較低階的窘境，那也太說不過去了吧！我不想和那些對少數族群視而不見，一邊說「他們可以晚一點再抗爭」、說他們「又不是主流」或說「還有更緊急的事」的人們同流合汙。

有時候我也會搞砸事情，會犯錯，但我慢慢學著將所有人都放在優先位置，不再刻意區分哪一個類別的人。總而言之，我們不分男女全都在對抗同樣的事物：不平等。因此我的女性主義是廣義的，無論你的性別、性

向、銀行戶頭狀態、國籍或健保號碼，你都該享有「尊重」這項基本權利。

說到性別，你會在閱讀過程中發現，我會用奇妙的外號稱呼本書的主要角色。那邊、那話兒、那裡，這些名稱自動去性別化，因為即使世界以非常二元化的方式構成，我們的認知中男人有陰莖、女人有陰道，但還有雙性人、跨性別者、非雙性戀者、性別流動者、無性者、自認為跨多種性別類型者……等等。也許這些會徹底顛覆我們的習慣，因為跨性別認同的能見度極低，但即使他們是少數族群，也不代表這些人不存在。我希望在這裡人人都能感覺自在有趣。因此在本書中，那話兒有陰莖，那邊有陰道，那裡可能兩者皆有。

在女性主義之外，我還有第二個愛好，就是「性」。沒錯。我也花了很長一段時間，才能臉不紅氣不喘地說出口。我猜你可能這麼想，喜歡性愛的女人根本亂七八糟，那是婊子，身上有性病。但這不是真的，我從來沒有得過梅毒，不過我也不希望某天得到就是了。別再談我的性病了，我不認為你對這個話題有興趣。

現在，你應該大致瞭解本書的基調了。

我們來聊聊

先提醒你：在這本書裡，主要是為了自嘲、釋出善意與破除對性僵硬且單薄的想像，因此別忘了先閱讀這幾頁。你將會讀到關於性的各種大小事，但是又不需要「插入性器」。也許你已身經百戰，所以我不必畫圖教你什麼降龍十八式、御女十八招。反之，我畫了一大堆更有趣的圖畫，盡全力讓你覺得投資這本書很值回票價。我費了許多心思，希望以幽默的方式，讓你可以按圖索驥，探索自己以及你的伴侶（們）的性器。如果你是個性愛高手，這本書也能讓你開發新方法，為你的床伴帶來歡愉。

我日以繼夜尋找最厲害的指功，並將吸功打造得盡善盡美，招式族繁不及備載。另外，我雖然沒用蠻力，不過在寫這本書的最後還是差點沒了雞雞，因此如果你在網路上為我的書留下評價，我會非常感激。

你可以按照你的步調來操作本書，一人、兩人或多人性愛都沒問題！不管你的性別、性向或膚色，無論你是處男／處女，還是淫魔／痴女，或是介於兩者之間，總之，這本書是寫給「所有人」！除了不喜歡性的人……

我希望性能夠以平易近人、開放又清楚的方式，讓人人都能接觸並了解所有必要知識，任其創造力更臻完美，尤其是從各種壓迫我們太久的社會壓力或禁令中解放。性愛不應該是壓力的源頭，在這裡，我們堅信在食物、森林漫步、Brandy & Monica的音樂之外，性愛是唯一真正值得體驗的事

物。無論是和終生伴侶或是一夜情對象,性愛就是愛,就是分享交流和身心舒暢的泉源。不用說,你爸你媽也喜歡做愛,所以說性愛就是人生,而且幾乎都是免費的。

在本書中我要與你分享的,不多不少剛好是一堂簡短的解剖學課程,搭配兩性的多種性感帶圖解,並從多年來成年合意的對象身上歸納出一系列高潮或快感的愉悅反應。唯一受虐的動物,是我可憐的小妹妹。並非所有的方法都有效,畢竟我們是不同的個體,重要的是記得在探索性的過程中,伴侶之間的溝通最重要。某個動作可能會讓某人很舒服,但未必對另一個人有效。因此話語、傾聽和常常自省非常重要。好啦,提醒過你了!

茱諾, 你為什麼要做這本書?

除了我喜歡自言自語以外,還有一個重要的原因。過去我總有個悲哀的印象,感覺我和自己的性錯身而過,以至於我少了些什麼,沒辦法讓自己全然滿足。這種想法並非只有我有,事實上當我知道這種人為數不少的時候,我還鬆了一口氣。因為我想破了頭,就是沒辦法直搗黃龍(嘿!別想到什麼雙關語去了)。

於是我孜孜不倦地看色情片,在性愛的汪洋大海中徜徉,但我仍不斷犯同樣的錯誤:插入時我總是感覺疼痛,而且劇本千篇一律,情人一個換一個。我們總是從他舔我或我吸他開始,唯一的目的就是濕潤,準備陣地,讓蓄勢待發的小弟弟能趕快進入,然後「磅!」的撞進去,啪啪啪就射了(有時候射在臉上,因為可以變個花樣)。我們雙方都滿足了,某方面來說也不錯,但總是有種「似曾相識」感縈繞不去。

這和是否高潮並沒有關係，高潮只是性愛這座冰山的一小角，但真正令我心煩的是，這一切的天馬行空貧乏的可憐。同樣場景不斷上演，無論對象是何人。想像你每天都吃同一道菜。星期一吃馬鈴薯，星期二吃馬鈴薯，星期三吃馬鈴⋯⋯承認吧！這樣簡直太悲慘了。為什麼我們能容許自己在性愛中如此單調呢？我們會隨著時尚變換衣物，料理的時候毫不猶豫地發揮創造力，甚至比以往更常更換伴侶，我們喜歡新事物，只要可以我們就會消費。但是性愛呢？簡直乏善可陳。

某個風和日麗的日子，我正在練習口技，盯著遠方地平線，剎那間我明白我們做愛千篇一律並不是巧合。如果從來沒有人向我們解釋該怎麼做，那我們怎麼能學會其他方式呢？根本沒有人提供我們嶄新的性愛「技巧和訣竅」啊！主流色情片是我們少數能得到的教學資料，可惜這些影片本身也缺乏想像力。話說回來也不全然如此，畢竟劇本花樣多端：像是水電工來修女主人家的漏水、魅惑人的繼妹、老色鬼、熟女和處女、外星觸手怪等，我不一一提出，總之選擇眾多。但是那只是做戲，單純換個佈景罷了！接著，影片最重要的部分──性愛──想像力簡直貧乏的可怕！多麼悲哀又單調的劇本啊⋯⋯

很簡單：前戲、抽插、射了。然後又開始：前戲、抽插、射了。真是爛透了！

如果你已經看過色情片，留下印象的就是陰莖主導、陰莖插入、然後陰道迎接陰莖，而且以叫喊聲聽來，陰道的主人顯得相當心滿意足。而我們這些可憐的傻瓜有樣學樣，因為這樣最簡單，不需要多花腦筋，而且我們從來沒停下來思考，如果角色顛倒，讓有陰莖的異性戀被插入呢？為什麼有

陰莖的人被插入就是個問題？因為我們自以為被插入的姿態是順從的、被征服的嗎？我拒絕認為同性戀男子或有屄就是順從的同義詞。

電影院中的影片對於我們認知中的插入也同樣罪過。我們看過無數順性戀異性戀打炮，然後最後一定因為插入而高潮。我們之中有多少人看見這些影像時，會感覺自己不正常？插入高潮儼然成為聖杯，或著更糟：準則。身為準則，插入高潮傷害了許多規格外的人們。只有天知道我們為數眾多！更不用說我們為了成為「普通人」而對自己造成的傷害……我們不經意地衍生出勃起障礙、插入疼痛，我們畫地自限，認為自己永遠沒辦法用老二讓陰道高潮，除非聲情並茂的假裝一下……

我們言歸正傳，試著讓性愛變成更豐富、更公平的事。讓每個時刻都獨一無二，每一次都有所不同。

因為做愛真的很棒。雖然我不喜歡單調重複的性以及讓插入成為性的中心，但我絕對不會懷疑性愛帶來的歡愉。

人們總將性行為的重點放在「插入」，以至於發明了「前戲」一詞。

就我周遭的普遍看法，前戲並不被視為是性愛。我常常聽到「我和我女朋友有前戲，但是做愛的時候還是很痛。怎麼辦？」之類的事。或許該從停止使用這個不恰當的詞開始。

我們一般稱為「前戲」的東西，事實上就等同於性愛。否則，這不就是說女同志之間的性關係只是前戲？拜託，並不是這樣……

你可以用雙手、舌頭、繩子、情趣玩具、雙腳、還有頭啊！還有愛撫是整個做愛過程中不可或缺的部分，但是我們經常隨便就打發掉，因為我們以為性器才是快感的中心。其實整個身體都是性感帶，有些人甚至不用被碰觸「那裡」就可以達到高潮。人各有好，人各有性感帶。在生殖帶以外，還有許多可以探索的地方呢！前戲就像花束，有如挑逗，傳送性感訊息、玩著「我捧著你下巴，你握著我的鬍子」的遊戲……怎樣啦？我就是喜歡這個調調。

難道你不希望擁有最優質的愛人嗎？如果這類事情進行的很不順利，很可能是因為從來沒有人教過對方如何碰觸你。你是唯一知道該如何取悅自己的人。向他／她展現吧！難道你不會厭倦了缺乏創意和總是被動嗎？這種被動性並非無關緊要：我們隨便對方做，是因為我們完全沒有頭緒怎麼做會更好，我們不了解自己的身體，而且害怕因為愉悅而尷尬、只顧自己舒服、沒禮貌、掃興之類的……我們害怕因為不能兩人同時高潮而惹對方不高興、擔心高潮要花很多時間……

我的老天啊，先把射了、高潮或插入從腦袋中趕出去吧，因為這三個動作都代表性關係的結束。我們真的想要草率了結這個時刻嗎？不，不可能的，因為做得好的時候感覺簡直太棒了。

我在想，如果我們節奏這麼快，也許是因為實際上感覺沒有這麼棒……嗯……抱歉，我不小心說出心裡的話了。

給我們時間，好好享受手指、嘴巴、雙眼、愛撫。愛我們、尊敬我們一下好嗎！我們做得太快啦。「快點，我的泡麵在等我」、「快點，我要去上

班了」、「快點，我要射了」、「快點，這篇文章太長了，我只要讀標題就好」、「快點、快點、快點！」

停！！！！深呼吸。讓我們回到話題，繼續談創意這回事。踏出舒適圈，想像一下，如果插入在性愛中只是選項之一，會怎麼樣呢？

很難對吧？這樣的反應很正常。要走出刻板印象需要努力重新思考，也需要很多想像力。例如做菜好了，我們有食譜書、有部落客提供許多想法：「嘿，在巧克力蛋糕裡加蟹肉棒好像不錯，我最喜歡的部落客曾經有這樣一篇食譜⋯⋯」就是這個時候，我心想也許我們少的是一本料理性愛的書，雖然混合蟹肉棒和巧克力很可能是非常糟糕的點子。

先從每次做愛時，嘗試一個新的技巧和新的性幻想開始，想像可能可以加入的元素。只需要少量元素，就能讓整道料理風味十足。不需要全盤推翻，那太複雜了——而且我們才不希望性愛變成令人頭痛的事，對吧？

就是出於以上所有原因，我想要寫這本書。推動我們的創造力，踏出舒適圈，探索更多元豐富的性，無論你有陰道、迪克力（dicklit，見P40）、陰莖還是其他（？）。

幸福性愛的基石

在性愛中，我們會以為沒有規則，一切只是感覺、隨它去、置身其中，然後身體就會產生化學作用。不過讓我們努力追求更多吧！。

我們需要規則，才能讓人人都能安心享受美妙的性愛。有些簡單的社會規則要求我們在和某人互動時，必須要有禮貌、會問候對方、說謝謝和再見。但在性愛中，過去我認識的規則只有：「先除毛」或是「要充分勃起」，讓我們跳過這些陳腔濫調吧。

以下是人人都應該理解並遵守的七大基本規則，簡單而且至關重要。

雙方合意

大家對「雙方合意」的觀念似乎不太一樣……你一定很尊敬他人，而且很聰明，能夠理解某些不能超過的界限，而且必須事先和你的伴侶討論過。不過對此較遲鈍的人，我還是有必要談一下這個話題。

當一個人說「不要」時，我們有時候會傾向並試圖說服對方。這麼做非常糟糕，因為在性愛和在生活中一樣，「不要」就是「不要」。給你的伴侶時間，讓他／她以自己的節奏慢慢來。截至這裡，這是非常基本的原則，人人都應該理解，並且遵守之。

不過接下來就有點麻煩了：有些人說不出「不要」這個句子，因為害怕讓對方失望、因為沒有慾望而有罪惡感、因為出於和自己的過去有關的原因……等等。在這些人身上，「不要」經常以所謂「不尋常的」身體語言表現：退縮的動作、手推（即使很輕）、不一樣的吻、臉部緊繃、雙手僵硬不撫摸對方、身體沒有反應等等。

即使在關係穩定的伴侶，也不一定就了解對方（即使看似明白）。這時候另一個人的身體語言就非常重要，因為有些人會履行他／她認為在伴侶關係中的義務（喔，這真是非常糟糕的字眼……），即使不願意也獻身於自己的伴侶。這種人不敢拒絕他／她的伴侶，也不敢說「不要」。如果你的伴侶看起來不特別有興致，或是對你的調情沒有表現得很投入或很有反應，那麼最好停止所有身體接觸，與對方對話。

直到今日，許多人仍勉強自己與伴侶進行性行為。讓我向你確保，並不是因為沒有情慾就沒有愛。情慾來來去去，有時候一去不回，因為一開始的

激情關係並不能永遠持續。必須懂得弔念那段美好時光，然後轉以新的方式愛自己或做愛，有何不可？

溝通

這就是愛情和性生活的基礎。沒錯，如果你忽視這條最重要的規則，那麼本書的所有建議就毫無意義了。用說的很簡單，不過你要不害怕也不害羞說出一切，無論是正面或是負面的事。只要有困擾你的事，不要猶豫說出口，因為如果讓另一個人繼續錯下去，隨著時間過去，最後就要忍受不斷重複的錯誤，然後事情也變得越發難以啟齒。障礙隨著沉默而生，而且會左右你的性生活的未來。如果你不願意和對方溝通，那麼我給你的建議就不會起作用。大家都應該說出自己的感受，以改善並全然享受性愛時光。沒錯，必須說出真相，必須自首，和你的伴侶聊聊，包括失敗和你不喜歡的部分……或許一開始可能會令對方惱怒，讓非常用心的對方不愉快……如果對方看似不介意想要轉移「尷尬」話題，而且即使對方這麼做是出於好意，相信我，長期下來，假裝才是你最大的敵人……

要為伴侶付出的心力著想，並在對方做不好的時候引導他／她。簡單一句「這樣比較好」、「這裡比較舒服」、「我做給你看」就非常有效，因為只要度過某個動作失敗的時刻，接下來你的伴侶表現就會越來越好。

和你信任的伴侶聊聊你的性幻想。不要害怕向對方坦承你最狂野的慾望──人人都有！性愛是自我陶醉、成為另一個人的最佳途徑，僅需片刻。只要你的伴侶同意而且尊重你，沒有什麼性幻想是不可以的。

談論自己的性幻想（即便是最難為情的）也許對你、你們、你的伴侶都是開關。例如，我本來不知道自己喜歡在金正恩的肖像前做愛，直到某任情人向我承認他很愛。（開玩笑的）（沒有喔，我愛死了……）（不，我開玩笑的）（……）

創意

快動起你的懶屁股，對大家而言，性愛才會是愉悅又長久的體驗。一段關係的開始，或是性生活剛起步，在青少年時，並不需要真的花費什麼心力，因為光是探索自己的性向和新的身體，就已經刺激的不得了。我們探索自己，一點點小事就讓我們興奮得戰慄不已，根本不用想破頭！

交往關係大約經過六個月後，激情就會稍微降低，不過慾望仍會持續。在伴侶關係中，此時創意可能就是性愛的轉捩點。前面我已經提過「舔屄／吸屌、插入、射了」的模式，我可不想再加入任何禁令，沒有必要全盤改變。如果這套模式適用於你們之間，沒有任何理由要徹底改變。不不不，當然不要有壓力啦！然而，一如普通的日常生活，在性愛中我們也應該要花費心思，最後才不會無聊。我常常用食物比喻：如果你連續六個月每天都吃最喜歡的料理，到最後你非常有可能會胃口盡失。了解我要表達什麼了嗎？

以下是一個小遊戲，或許你會喜歡，而且或許也能維持伴侶關係中的慾望。向你的伴侶提議嘗試新技巧、新的性幻想、新的洞，或是在每次求歡時都有新的愛撫。不必懷疑一切，只要在料理中加入從未想過可行的辛香

料，一丁點就足夠……

愛撫

要讓對方明白我們想要他／她，我們經常會很刻板地摸對方的性器官、屁股和胸部，因為這些是最美妙的性感帶。但是有點太侷限了，不是嗎？如果我們知道整個身體都是性感帶，卻忽視身體，直搗黃龍實在太悲哀了。可惜的是，慾望並非彈指就會浮現，必須挑逗並創造失落感，如此才會產生慾望。此外，我們的慾望並非總是一起高漲的。有些人需要較多時間，因此也需要更多愛撫和吻……我們可以撫摸、抓、用指甲輕搔、輕輕撫掠、搔癢、抓緊、施壓、摩擦……人人都有自己的性感帶，實在無法一一列出，不過我知道每一吋肌膚都會對愛撫有反應。

對我來說，性行為從這裡便已經開始，從充滿溫柔、戰慄和慾望的這一刻起。

奉獻自我

我相信絕大多數的人在性愛中追求的，就是看到另一個人恍惚失神，看著他／她沉浸在快感中。發現伴侶一副無聊樣是最糟糕的事。當然啦，在性行為中也有自私的部分，但是我們也需要確保對方和自己一樣享受愉悅。而且聽到對方呻吟或喘息，對我們來說更安心。能夠讓他人愉悅，並看到一切順利，真是至高的幸福啊！或許就是因為如此，插入才會這麼普遍：

插入很美好，因為兩個人一起享受魚水之歡。這很簡單，太簡單了，因此很不容易離開習慣，去了解伴侶還會喜歡其他哪些事物，以及我們是否應該繼續。

這麼做令人頓失平衡，難以安心。然而，唯有如此我們才會感受到自己確實活著。知道如何踏出舒適圈，願意冒險，就是身為好情人最重要的優點（容我說，即使是整體而言均衡發展的人亦然）。

我甚至會說，對於有勃起障礙、過早或延遲射精的人來說，這是絕佳的練習……不僅可以讓你心情平靜，還能讓對方更滿足，享受你所施予的快感。當然也別忘了那些受插入疼痛之苦的人……

尊重彼此

如果你希望別人也尊重你，那麼尊重就是最重要的。尊重不可或缺，在性行為中尤其如此。在你面前的人向你展示最隱私的一面，他／她的身體，即使你不愛對方，也有義務尊重對方的身體和感受。我知道如果你買下這本書作為開端，那是因為你是很善良的人，因此我就不再強調顯而易見的重點了。

傾聽和觀察

伴侶給予建議後，誰都曾經感到自己很愚蠢吧？但如果他／她說出他／她

想要的，那真是太棒了，因為這表示他／她很信任你，而且他／她希望雙方更進一步探索身體。整理好你的自尊心吧，將這件事視為成為對方人生中最完美情人的機會。你的伴侶的身體正在向你傳送信號。這些信號可能非常細微，不過如果你是好情人，就絕對別忘了觀察肢體語言。

這方面我沒辦法真的教你什麼，每個人的反應都不一樣，不過臉部表情或許可以指引你一條明路。即使在性愛中，臉部顯得很緊繃，還是有一些騙不了人的表情。如果你不確定，不要猶豫，問你的伴侶就對了。

身體也會說話。例如，在幫女生或男生口交時，如果對方的骨盆挺起，或許表示那邊希望你的舌頭往下一點，試圖引導你到會陰或是睪丸。如果對方的屁股夾緊你的頭，也許他／她希望你繼續做你正在做的事，也許他／她希望你動作輕一點。若對方的骨盆往下，身體挺起，或許希望你往上移到龜頭或陰蒂頭。如果對方推開你，那就……快住手吧。看看對方的雙手，雙手也能透露許多事情呢。

現在你準備好閱讀接下來的內容。

閱讀愉快，探索愉快，別忘了讓自己開心，畢竟這是遊戲嘛！

茱諾

和你的性器官打招呼

感謝歐蒂兒‧菲洛（Odile Fillod）和其他專家參與。

在本章中，我們將要討論基本的解剖學、健康和人體機制，總之就是幾乎一切與我們的性器官有關、學校在自然科學和理化課之間該教卻沒教的事。

我們將重點放在最新發表的研究，試著盡可能讓內容詳盡中肯，並且也考慮到人們對某些器官在其現象與扮演的角色上所抱持的疑惑和假設，有些甚至還帶偏見。

先從使用中肯適切、更適合我們的身體的詞彙開始吧。在這裡我們不會用「陽具」（verge）一詞，因為這並不是科學詞彙，而且字義與某種劍或棍棒有關。

基於其歷史和意義，字詞的選擇至關重要。用「陰道」指稱「陰部」也是錯誤的，而且流傳出許多關於陰部主人的荒誕莫名想法……無論這個字好

不好聽，重點並不在這裡。好了，放輕鬆，你們還是會看到「雞雞」、「蛋蛋」或是「小妹妹」這些字眼，畢竟我們不要搞得正經八百，也不是在念醫學院五年級……

我們也將會探討我的電子郵件中最常見、大家最想找出解答的問題，即便有些問題目前依舊無解。這份工作我不可能獨自完成，一大部分要感謝Instagram上的追蹤者們。多虧你們的一再提問，還有你們的建議與回答。你們就是最寶貴的幫助，因此，謝謝各位，你們太棒了！

我沒有刻意提出性向的問題，因為如我在前言說過的，這本書本就來就是廣義的。此外，畫人臉超級麻煩又花時間，還是畫小妹妹和手指好玩多了，而且性器官並沒有與某個性別連結，操弄性器的手也沒有臉，這些都是出於（懶惰成性）要涵蓋所有人的意願：男同志、女同志、異性戀、雙性戀、泛性戀等等。

雙 性 人

絕對不可以和專指動物的「雌雄同體」一詞混淆。這和跨性別認同也沒有關係，即使有些變性者認為自己是雙性人。（而且這很OK）雙性人出生便帶有不符合「男性」或「女性」的性徵。他們（iels）約佔1.7%人口，數量龐大（等同紅髮人口的數量！）。這些人的生殖器外觀各有不同。基於諸多原因，我無法畫出範本……首先，當我詢問雙性人是否能讓我畫下他們的生殖器的多樣性時，我感受到強烈的不自在，我感覺到（經證實）自己好像被當成窺探者。因此我低著頭走回家，為自己的後天經驗判斷感到羞愧。第二個原因，是因為雙性人的可能性太多了，真的非常多。因此不可能只畫出十張畫代表，因為世界上不只有十種雙性人。

這一切都是要說，出於涵蓋性和可見性的考量，雖然我想要提及雙性人，不過我衷心期盼每個人提出本書中自己最有共鳴的章節。

想要進一步探討此主題，你可以上法國雙性人聯盟團體（Intersexes et Allié.e.s-Oll France）網站www.ciaoiifrance.org。

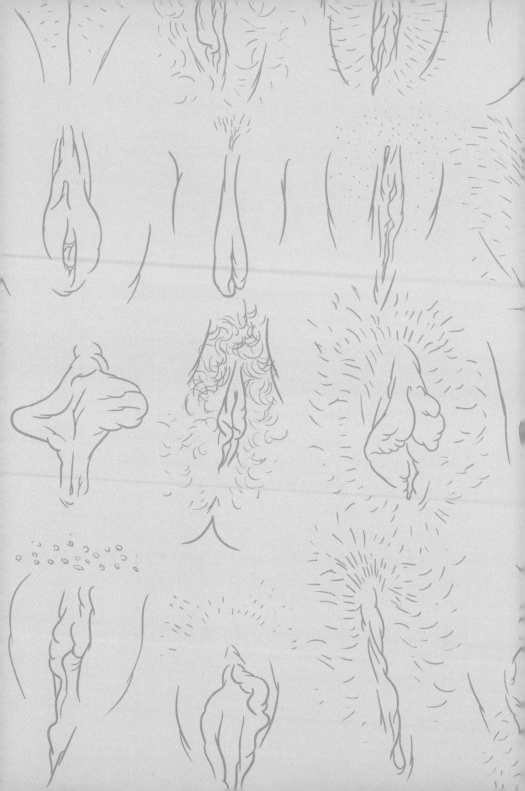

1.
外陰之下

如果你有陰部、陰蒂、小穴、陰戶、
鮑魚、屄、小妹妹，
那麼本章就是在說你。

無論你是女人、男人、雙性人、
非二元性別或其他……

啊！陰部和陰蒂，教科書、藝術、學校課桌上的原子筆畫總是少了它……讓我們來聊聊它，將驕傲重歸它們的主人。不，陰部並不叫做「陰道」，真是夠了！而且陰部並非總是長得像杏桃或是小女孩的性器官好嗎！這種執迷到底是怎麼回事？戀童癖的妄想嗎？我們當然有權除毛，但是要當成範本追隨？才不要呢！

首先，陰部的小陰唇有可能很大，帶有特殊的氣味，陰部可能很多毛，有白色的分泌物，有時候是咖啡色的……每個陰部都長得獨一無二，而且如果沒有看見本尊，是不可能知道它的模樣。至於陰蒂，則是幾乎被我們的教科書遺忘。我們大概都是在一、兩年前才了解陰部真正的構造（別忘了現在已經2020年了）。大體而言，這個完全為快感而生的器官被隱藏了數百年。到底在害怕什麼呢？無怪乎我們之間有許多人沒辦法獨自或是兩人一起得到高潮。整個科學領域曾經概括將陰蒂定義為一個迷你按鈕，對不少人而言，這個按鈕只有在獨自一人而且放鬆的時候才能正常發揮功能。自從陰蒂終於見天日，它們的主人才開始重新適應自己的身體和性器官，真是太好了！

繼續在教育中抗爭是非常重要的，如此才能讓更多生來有陰部的人接受其性器和性徵，讓他／她不再把陰部當成屈服的重擔，或被動的拘束。或許終有一日，我們不再會說「臭腔屄」或「傻屄」，甚至未來這些情慾高漲的陰部會興起腰帶假陽具，反轉潮流，以後把叫人「傻屄」反而會成為讚美。好啦，閱讀愉快，傻屄們！

＊右圖標示的粉紅色範圍不夠大，往上應包含陰蒂，左右範圍應包含小陰唇左右兩側，往下應涵蓋到陰道口與陰唇系帶。

補充：開口在陰道前庭的結構有尿道、陰道、巴氏腺、斯基恩氏腺。

從外面看見的

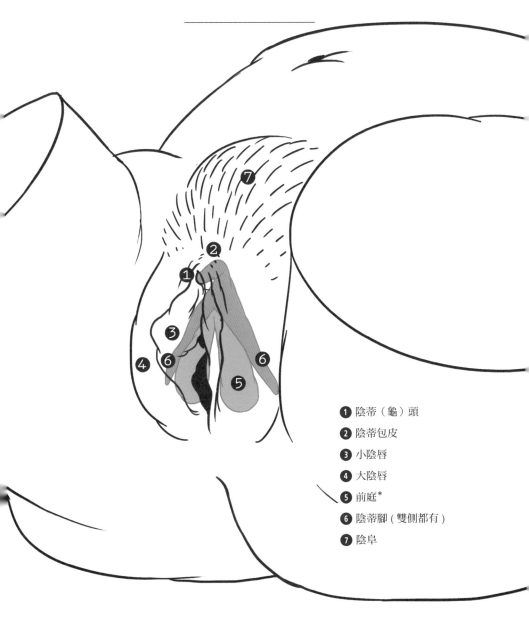

1 陰蒂（龜）頭

2 陰蒂包皮

3 小陰唇

4 大陰唇

5 前庭*

6 陰蒂腳（雙側都有）

7 陰阜

藏在裡面

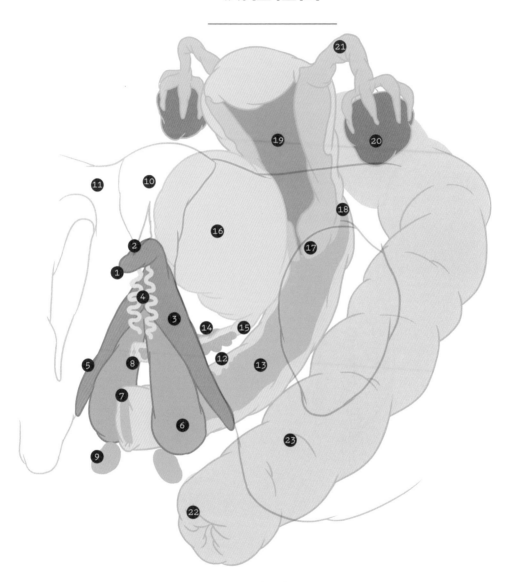

45度視角

❶ 陰蒂 （龜） 頭

陰蒂頭相對於男性龜頭，由一部分包皮保護，其大小和可見度多寡因人而異。

❷ 陰蒂體

等同於陰莖體，由陰莖海綿體構成。

❸ 陰蒂海綿體

陰蒂海綿體是一對可以勃起的組織，在陰蒂勃起時陰蒂海綿體會充血，包含陰蒂腳。

❹ 柯氏血管 （plexus du kobelt）

連接前庭球和陰蒂體的血管。藉由這條血管，在前庭球上施壓可以刺激陰蒂，因為會讓血液從前庭球跑向它。

❺ 陰蒂腳

為陰蒂海綿體一部分。（補充：兩個陰蒂腳合併形成一個V字，交接於陰蒂體，在分叉點上與陰蒂海綿體相交，和其他陰蒂組織一樣，陰蒂腳也會勃起充血。）

❻ 前庭球（陰蒂球）

可勃起的組織，位於陰蒂的內側及陰道前庭，接近於陰蒂、陰蒂腳，在尿道、尿道海綿和陰道的兩側。

❼ 陰道口

陰道的開口，位於二片小陰唇之間及尿道口下方。

❽ 尿道口

尿道的開口，尿液流出處。

❾ 前庭大腺 （又稱巴氏腺）

位於陰道口左、右兩側，腺體開口於小陰唇內側靠近陰道前膜處。興奮時會分泌一種無色、鹼性、略黏稠的液體，以降低性行為過程中的摩擦。

＊補充部分感謝審訂老師補增。

⑩ 恥骨聯合

兩個髖骨連接處(恥骨)，位於膀胱的前面和下面，脂肪層上的皮膚長有陰毛並隆起，被詩意地稱為「維納斯丘」。

⑪ 骨盆

（補充：為一骨骼構造，位於脊椎末端，連接脊柱和股骨），為陰蒂腳連接處。

⑫ 粗糙地帶 （G 點）

這個地方是陰道組織的一部分，約在兩個指節(從陰道口進入3-5公分)處，大部分位於陰道上方，但並非每個人都有或者位置都相同。

⑬ 陰道

陰道位在陰道口到子宮之間。更多資訊請見側面視角圖（見36頁）。

⑭ 傍尿道線 （斯基恩氏腺）

請見36頁的側面視角圖。

⑮ 尿道

排尿的管道。斯基恩氏腺位於靠近尿道開口左右兩側。

⑯ 膀胱

貯存及排泄尿液的囊狀器官，經腎臟過濾之後的液體流入膀胱儲存為尿液；當膀胱壁的肌肉收縮，出口處的括約肌放鬆時，就會排尿。

⑰ 子宮頸

位於陰道底部，為圓頂形狀。除了探測器和精子，別讓任何東西能進入這扇門。

⑱ 子宮頸前穹隆

這是陰道最深處，位於整個子宮頸周圍形成的拱形。

⑲ 子宮

受精卵著床及胚胎發育的地方。（補充：每個月子宮內膜會增厚，預備受精卵著床，或當月沒有受精卵，子宮內膜則會剝落，就稱為月經。）

直腸子宮陷凹後傾

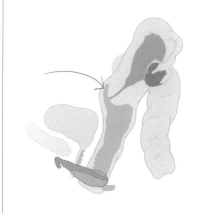

這個特點視個人情況，可能會在插入時或在月經來潮時引發激烈疼痛。通常不影響生活，不需要特別擔心。

如果你有子宮後傾，可以詢問你的婦產科醫師或伴侶輕輕探入你的陰道深處。

⑳ 卵巢

製造卵子的地方。（補充：為卵圓形、偏灰的粉紅色的器官，分別位於子宮兩側，其功能為製造卵子及合成雌性激素。）

㉑ 輸卵管 （又稱法洛皮奧之管）

有個大舌頭的朋友常叫我法洛皮奧。（補充：位於骨盆腔內，左右各一，一端膨大呈喇叭狀，開口於腹腔，接受來自卵巢排出的卵細胞，另一端與子宮相通；卵細胞一般在輸卵管內受精。）

㉒ 肛門

周圍是括約肌，需輕柔以待。（補充：肛門是糞便排遺和消化系統廢氣（屁）的出口，也是肛門性愛的所在地。）

㉓ 直腸

大便與肛交進行的地方。（補充：大腸的最後一部分，平時為中空狀態，當直腸中的糞便積累到一定程度，就會有排便反射，若進行肛交則需確保衛生並做好適當潤滑。）

側面解剖圖

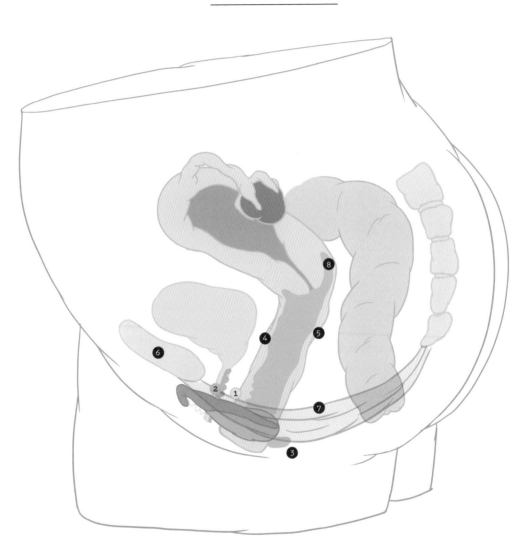

❶ 粗糙地帶

這裡就是「G點」的地帶，取名自發現者恩斯特‧格芬伯格（Ernst Gräfenberg）。此處就是大家都稱之為「G點」的地方，正好是陰道前面一塊不特別敏感但質地特別粗糙的內壁。這個地帶真正有趣之處，在於它位置靠近陰蒂體底部的前庭球和傍尿道腺會合處。簡而言之，G地帶並不是在陰道裡面的點，比較像是陰蒂腳的會合處。它可能是致勝關鍵呢！

❷ 傍尿道線 （斯基恩氏腺）

它們等同於前列腺，會分泌女性射精液體，完全無味無色，而且因為和陰道潤滑液混在一起，經常不被發覺。

❸ 前庭大腺 （又稱巴氏腺）

它們會分泌潤滑液，我們用魔法般的字眼稱之為「愛液」。

❹ 陰道前部內壁

這裡緊鄰膀胱。

❺ 陰道後部內壁

這個地帶和直腸非常親密。我們稍後繼續談。

❻ 恥骨聯合

或是詩人口中的「維納斯丘」。

❼ 骨盆底肌

有如吊床般的肌肉，支撐所有上面雜七雜八的東西。你可以練習呼吸時收縮骨盆底肌，在沒人發現的情況下偷偷為自己帶來快感。

❽ 子宮頸前芎隆

於陰道的盡頭，包圍著子宮頸。

這些男孩俱樂部

如果你非常認真閱讀本章節，斯基恩（Skene）、巴托林（Bartholin）、格芬伯格（Gräfenberg）、法洛皮奧（Fallope）、柯貝爾特（Kobelt）大概就是目前為止你會知道的這些地帶和器官的研究家。很長一段時間裡，我以為這些男人滿臉驕傲地達陣，然後在小妹妹裡面插旗畫地，宣布：「我要用我的名字為這個地方命名！」不過這些地帶／器官應該是被其他研究家重新命名了，向他們致敬。如果這些名字讓你覺得不舒服也沒關係，你可以決定以這些部位真正的解剖學名稱呼之。我列出這些名詞，還希望你不討厭這份用心。

注意：我稱為「粗糙地帶」的部位純粹是我個人的發明，因為沒有真正的名稱。

迪克力究竟是什麼？

由於我不是這個主題的專家，就讓我的朋友亞森·瑪爾奇（Arsène Marquis）為大家解說。

迪克力（dicklit，dick就是雞雞，clit則是陰蒂）是許多FTM（女跨男）或FTX（女跨X性別）為他們在睪固酮作用下而變大的陰蒂取的暱稱。根據每個人基因傾向，以及這個會令人聲音低沉、長鬍子或掉頭髮的荷爾蒙的作用，迪克力變大的範圍不一，可從幾乎什麼都沒有長到數公分長！依照每個人的情況，需要數月到數年之間的時間，讓迪克力的尺寸穩定下來。不需要長到有可能插入或是讓褲子鼓起來，迪克力的勃起通常較明顯，而且敏感度會上升。剛開始的時候，甚至連內衣摩擦都可能造成疼痛！如果你發生這種狀況，柔軟的棉花敷料就是你最好的朋友。對於希望進行性器官手術的人而言，發展迪克力可能也是邁向陰核釋出術的第一步，這是陰莖成形術的替代方案，主要是鬆開迪克力的韌帶，使其能夠自由自在的生活，同時又更像陰莖。不過這並非必經之路，而且這是另一個話題。

那麼睪固酮會對陰部和陰道造成什麼影響呢？注意聽了，因為我會偏大方向講，但情況還是會因人而異。就我們所知，在幾個月內月經就會停止，不過偶爾會暫時重新月經來潮，例如在壓力比較大的情況下。我們也知道睪固酮會讓陰道變得有彈性，子宮頸也會更敏感：如果小妹妹開始使用睪固酮，你可能需要視情況重新思考性生活。我們也知道許多跨性別者在睪固酮和刺激的雙重作用下，都有自然分泌潤滑液和高潮更強烈的經驗！

不過無論是否為自體生成，荷爾蒙對不同人的作用可能天差地遠，而且對於這些器官的研究還非常少，我們能知道的是，就是我們並非什麼都知道。

想要進一步了解這個主題，你可以下載OUTrans協會製作的《Dicklit et T Claques》，這是第一本女跨任何性別的法文手冊。

來源：outrans.org

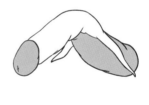

我們都一樣

看著迪克力的照片時，我突然理解到，我們全都長著相同的器官。是真的，我們都有陰核、繫帶、陰莖海綿體、海綿體等等。我們的器官在各方面都非常相似，只是以不同的方式發育。

正是這個時刻，因為無法控制的狂喜，我著手進行研究極為荒謬的理論，證明到頭來我們都是一樣而且平等的，沒有誰是支配者、誰是被支配者。想當然這是傻話……但我想你懂我的意思！

我的外陰正常嗎？

外陰就像一張臉，每個人各有特色，人人都長得不一樣。你以為不完美的，其實正是色情片植入你腦袋中被強化的觀念。小妹妹到處都是，各種喜好也是。問題在於我們哪裡都見不到它們，在色情片中更看不到。超過大陰唇的小陰唇可能會困擾某些人，但是它們的尺寸不應該是問題，有些人反而喜歡的很呢！Instagram上有一個超正點的帳號@the.vulva. gallery，專門讚揚外陰的多樣性，看了就賞心悅目！

然而，有些人的小陰唇可能過長導致困擾、摩擦產生不適感，甚至疼痛。可透過像是陰唇整形術（旨在縮小小陰唇尺寸的外科手術）來解決，但是所費不貲。

才不髒呢！

分泌物是什麼組成的？

分泌物是由兩種液體巧妙混合而成的。一種來自前庭大腺，我們給它一個浪漫的名字，叫做「愛液」。多虧一種系統精巧的迷你小孔（肉眼不可見），它能潤滑前庭，位置就在陰道入口旁邊。

第二種液體是由陰道內所分泌的，即便切除巴氏腺後，我們仍能繼續擁有正常濕潤的性愛。

如果你的狀況並非如此，那麼潤滑液是你的好朋友。

來聊聊陰道屁

好吧，這個聲音並不優雅……不過陰道屁一點也不臭！這是由你的愛人在你的陰道中進進出出而引起的。因此嚴格而言，如果產生空氣也不是你的錯。我知道說起來很簡單，但是完全不需要為此難為情，一笑置之不是很好嗎？

你的伴侶根本不在乎。問問他／她，你就知道了。

重點是，做愛的時候小妹妹裡面有空氣的感覺真的非常糟糕……我會把這種感覺比喻成幫腳踏輪胎打氣時的阻力。因此別猶豫，休息一下，排出這個迷人的聲響吧，對自己的身體沒有什麼好感到難為情的！

潮吹

潮吹是色情片中出現的現象。潮吹通常量很大，從陰部流出或是噴出，射出的液體摸起來就像是水。（註：而鑒於此部位能連結且儲存有大量液體的只有膀胱，因此潮吹的液體較大可能是尿液。）人們將之錯誤地與射精或高潮連結。（補充：但性高潮也可能和此現象有關，因為當女性達到性高潮的時候，副交感神經興奮，在此情況下，若無法控制住外括約肌的人，則會直接噴出尿。）另種說法（尚無法證實），當陰道前壁受刺激

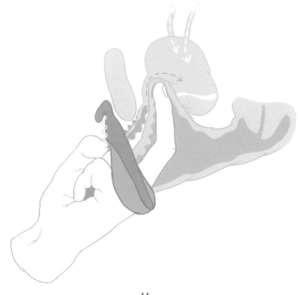

時，位在附近的傍尿道腺會製造無味無色的液體，有時候會沿著輸尿管進入膀胱，與大量水分和少許「排泄物」的尿液混合，這就是為何潮吹會帶有淡淡尿液味道。不過別害怕，如果你對身體感到很自在，就會知道這種想要尿尿的感覺就是快要潮吹了，大膽解放吧！

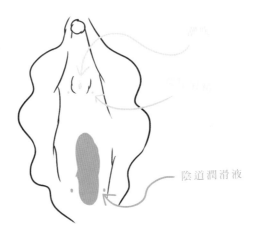

陰道潤滑液

女性射精

女性與男性的攝護腺相對應的腺體為傍尿道腺，於是有些觀點認為由傍尿道腺分泌的液體即為女性射精。傍尿道腺液體很被難察覺，因為無色無味，而且份量極小，因此小妹妹的射精極難辨認，因為射精常常和其他巴氏腺所分泌的液體混合。

我們也無法確定每個人都能射精，而且每個人的高潮反應也不盡相同，那麼，如果有人問你：「你射了嗎？」

你可以回答：「無從得知，不過如果你是指床單上這一灘水漬，我都潮吹（射尿）了你說呢？」

可惡， 月經來了！
究竟發生什麼事？

讓我們把麥克風交給克蕾蒙汀・庫哈吉（Clémentine Courage）醫師。

「好的，長話短說，月經的血就是子宮內膜剝離。月經的第一天代表你的每月週期的開始，此週期包含數個階段。月經之後，在多種荷爾蒙的作用下，子宮內壁會逐漸增厚，目的是為了能夠迎接受精卵（通常在週期中間會產生卵子，若受精則稱為受精卵）。

如果在週期結束時沒有受精卵，舒適的內膜就會「自動銷毀」。這就是讓你流血，有時候還會疼痛（子宮會收縮以排出所有殘餘物）的元凶。」

我承認月經來總是有點惱人，因為經前症候群、沾的到處都是的血跡或因為不適而一副臭臉樣，但我們也可以將之視為某種神聖的事物，像是想像身體正在為了新的週期重生、「淨化」。

有些人甚至會收集經血用在神祕儀式上（是真的我發誓）或是在月圓之夜奉獻給撒旦（什麼東西？）。人各有好嘛！

不過在那之前，與其說「可惡，月經來了」，全然接受月經似乎可以改變人生。

保持月經期間氣氛的歌曲

- Bloody shadows from distance, Lena Platonos
- Sunday Bloody Sunday, U2
- Bloody well Right, Supertramp
- Bloody Mary, Lady Gaga
- Roots bloody roots, Sepultura
- Sang pour sang, Johnny Hallyday
- Allez le sang, JUL
- Blood, Kendrick Lamar
- Bloody waters, Anderson Paak ft James Blake
- Blood on the dance oor, Michael Jackson
- Tout l'album Blood, Rhye
- Raining Blood, Slayer · If you want blood, you got it, ACDC

經期性愛

這並非是什麼新潮流，不過我們越來越常
聽見「Period Sex」，也就是「月經期
間性愛」。當然啦，這種性行為一直都存
在，但是人們似乎更自在地談論，而且在
法國經期性行為似乎也不再會嚇到人們，
除了恐血症者和我的爺爺奶奶。事實上，
月經的血一點也不髒，而且很想做愛的時
候還要克制自己，實在太可惜了。對吧？

但是仍然要維持保護措施，因為染病的風險更大，而且女性在月經來時，
免疫力較差。而且，即使此時懷孕的機會較低，還是存在風險。抱歉破壞
氣氛啦！

在週期中，何時最適合做愛？

我在Instagram帳號上做的調查中，我詢問所有有陰部的人，他們在
週期中何時最興奮。回答非常出人意表，因為52%的人認為在排卵期
最性奮，48%在月經期間最慾火焚身。不過這份調查中，我並沒有算
進那一堆私訊我回答「無時無刻」的人。

因此總的來說，並沒有什麼經期的規則，有些人不喜歡在經期中做
愛，有些人則愛得要死，還有人無時無刻都想做……那你呢？

注意衛生啦！

我們來聊聊大家太常忽略的事：雙手的衛生（我把雞雞和假陽具也算進去）。因為如果不在把手指放進小妹妹之前好好洗手，很可能好一段時間都不能享用他／她了。你知道，小妹妹的菌叢非常脆弱，只要有一丁點闖入者，就可能帶來真菌、膀胱炎和其他討厭的要命的鬼東西。

如果你不太確定，只要「那邊」有一點點搔癢、有不正常的白帶或氣味，你可以先用pH值中性的女性清潔液清洗陰部，一天最多兩次，穿棉質或絲質的內褲，並且避免緊身長褲。清洗陰道則是非常糟的主意，因此別猶豫，直接去看醫生，他／她會提供你最適當的療法。

我也要順便呼籲各位，伸手到碗裡抓花生之前先好好洗手。因為餐前酒就和我們尊貴的小妹妹一樣神聖。謝謝。

先等一等！

避孕

你選擇哪一種避孕方式呢？沒有人能幫你回答這個問題，也許除了你的醫師知道如何引導選擇最適合自己的避孕法。依照你的年齡或已經有的小孩數量，選項當然也有所不同。

避孕藥、子宮避孕器、貼片、避孕環、避孕隔膜（需配合殺精劑使用）、保險套、結紮、體外射精法……族繁不及備載，但每一種避孕法都有其優點和缺點。

那該怎麼做呢？如果你想聽我的意見，最好的避孕法，就是和與你同性別的人上床（注意：不避孕一樣要做防護措施，避免病菌感染）。而且如果你相信某些研究，可能還會有更多高潮呢。但這可能沒辦法讓人人都滿意。

說真的，我不知道該怎麼給建議……化學法有許多副作用；天然避孕法不可靠，而且可能會造成壓力；至於絕育法則是不可逆的。我並不是說乾脆不要保護自己，避孕法確實帶來許多好處，但是難道不能和異性一起分擔這份工作嗎？小弟弟用的化學避孕法仍在測試階段，而且可能會引起令人不舒服的副作用。（哈哈！我知道你在想什麼……）

不過還是有對陰莖完全可行而且很安全的解決之道，即使絕大多數仍在測試階段，或是還在預備中，因為市場研究發現法國人在這方面興趣缺缺。

更多資訊請翻到84頁。因為避孕不再只是陰部的事！

保護自己不感染性病 （性傳染疾病）

為了避免傳染，務必記得定期施打疫苗。如果你要把吸管插進鼻
孔，或是用針頭扎手臂，確保之前沒有任何人使用過。最後，無
論你的性向為何，都要使用保護措施。

陰部們並不是非常喜歡女用保險套，但是就我而言，女用保險套在某些情
況下確實非常實用，像是月經來的時候。舒適度方面，我聽過各式各樣的
說法，有些人覺得很舒適，有些人則覺得像在跟塑膠袋做愛。最好的方
法就是親自試用至少一次，才能弄清楚。問題是很不好弄到手。藥局的選
項不多，超市也沒有販售。最簡單的方法，就是到醫療中心的家庭計劃處
（免費）或網站上詢問。要注意的是，女用保險套比男用保險套昂貴。我
知道，我並不是在向你推銷夢想，不過這真的可以救急，因此別猶豫在你

的床頭櫃裡放幾個。誰知道哪時候就派上用場
了呢？

至於舒服自在的舔尻和舔屁眼，牙
齒隔離障是絕佳的自保方式。家庭計劃中心和大型網站都
可找到。如果手邊沒有，你也可以使用男用保險套自己
製作屏障套。最後還有乳膠手套，不只有多種顏色（黑
色超酷！），也是最衛生的指交和拳交方式。情趣用
品店、藥局、網路或DIY木工商店（你沒看錯）都可以
找到。另外很重要的是，我們不太建議先舔肛門再舔陰
部。拜託！

被性侵之後該怎麼做？

首先要知道，發生在你身上的事絕對不是你的錯，無論你的穿著或態度為何，錯的都是性侵者。你腦中所有的念頭情緒都是合理的，而且我全然支持你。

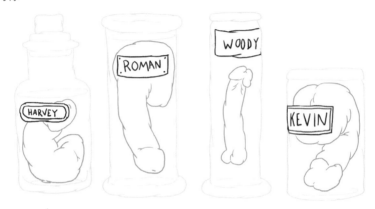

有很多可以採取的行動，以下是引導你的小小備忘錄，因為在當下，你的腦袋很可能一團混亂：

▶首先，趕快去看醫生或是去急診。你一定會想要洗澡，但是（即使在這極艱難的時刻）最好直接去採檢以幫助日後的調查。不用覺得有必要立刻報警。你的檢驗報告會保存到你認為自己已經準備好到警察局提告。

▶接著你就可以回家洗澡、放聲大叫大哭……

▶如果你要提告，記得保存所有犯罪證據，像是沾污的衣物、內衣、簡訊等等。

▶如果你覺得自己可以做到，而且你也認識性侵者，可以試著透過傳簡訊設局讓他認罪，像是：「你明明知道我不願意，為什麼你還要這麼做？」如果運氣不差，他就會落入陷阱，這點就能成為對抗他的新證據。

▶如果你願意，可以和你信任的人談一談，因為獨自一人扛著這個包袱可能相當困難。如果你沒辦法和身邊的人說，有多個協會可透過免費專線隨時聯絡引導你。（台灣衛福部24小時專線「113」。）

▶你可以尋求心理醫師的幫助，因為對於這類充滿創傷的情況，朋友或家人說的話可能有失公允。即使很困難，我們強烈建議不要獨自抱著這個祕密，因為談話就是邁向反擊的第一步。

你有權崩潰，而且發生在你身上的事絕對不是你的錯。如果你異常平靜也不要為此感到害怕：有時候身體和情緒在衝擊過大的時候會處於警戒狀態。

感謝艾奈伊絲·布爾黛（Anaïs Bourdet）、艾利歐娜（Aliona，La Prédiction），以及席爾（Sil）的幫忙。

如果會痛

子宮內膜異位症

當月經來時的疼痛難以忍受，而且也有性交疼痛（插入時產生疼痛），只有一個解決方法：去看醫生。如果你的婦產科醫師告訴你，這一切都是心理作用或是你根本沒問題，就盡快換醫生吧。最好找子宮內膜異位的專科醫師。

更多資訊， 請上 endofrance.org

還是有可以讓你回歸正常生活的解決辦法，像是以荷爾蒙療法停止月經，

或是進行手術。

可別輕忽這些疼痛。子宮內膜異位症可能導致受孕困難，不過別擔心，這也是可以治療的。諸多論壇或文章都在討論子宮內膜異位，因為你絕對不是唯一的案例。

性交疼痛

當插入時感到疼痛，就是性交疼痛。你可能會在陰道深處或是陰道口感覺疼痛。不同於一般人的想像，在插入時感到疼痛一點也不正常！

這些疼痛的原因眾多：不適合的避孕方式、子宮後傾、在某些雙性人身上發生的陰道過短、子宮內膜異位（通常月經來潮時會劇烈疼痛）、黴菌、皰疹、雞雞太大、陰道乾燥、會陰切開術的疤痕，總之這些都會讓小妹妹疼痛。

這些疼痛源，或是某些創傷，可能導致陰道痙攣，這是陰道入口處肌肉的非自願收縮，讓插入極為疼痛，甚至不可能插入：這都是我們所說的性交疼痛（總的來說，就是進不去）。

無論原因是什麼，在疼痛現象中有一大部分是心理因素，必須正視之，像是心理創傷、性侵、害怕性交、對性愛過度嚴格的教育、反感、對伴侶失去慾望、很少傾聽的伴侶、產後創傷、害怕陰莖尺寸……這些都可能是原因，每個情況都有其解決方法：因此必須找到你的解決方法，讓性愛不再

是疼痛的同義詞。

不過雨後總會天晴，我收到無數人的見證，他們都成功走出來。以下是我們可以學到的：

▶首先，必須尋求專業醫師的幫助，如果你覺得你的醫生不聽你說話，而且不把你的疼痛當一回事，那就換醫生吧。你可以上ｗｗｗ. lesclesdevenus.org網站，提供許多陰道痙攣和性交疼痛的專業人士的文章。
▶有時候只要取出避孕器或換一種避孕藥，就能讓症狀消失。如果你在月經來潮時也非常疼痛，謹慎起見，趕快找專精子宮內膜異位的醫師諮詢。
▶其他專家也可能給予極大幫助，像是整骨師、會陰運動療法（注意，這幾年來已經禁止觸碰體內）、催眠治療師、針灸師……等等。
▶和伴侶或心理醫師溝通以查出問題來源是非常重要的，而且也能讓伴侶調整姿勢並且多加注意你的反應。你可以告訴他／她，你不希望再用這種或那種姿勢（例如後背體位），或是幫助他讓插入只是暫時或次要的。最重要的是傾聽自己的身體，不要勉強，否則可能只會讓問題惡化。
▶最後，我不想嚇你，不過許多見證都有不約而同的假設，就是伴侶不太貼心，他們發現換了其他伴侶之後問題就消失了。所以你自己看著辦吧！

關於曾遭受性侵或有心理創傷的人，接受心理治療，並搭配上述的其中一項醫療手法可能會大有用處。感謝克蕾蒙汀·庫哈吉醫師的幫助。更多資訊，請上lesclesdevenus.org網站。

插入固然很棒，
但是對大多數有陰蒂的
人而言，插入並不能引
起高潮。

尚－米雪兒·高潮

陰道和陰蒂在一艘小船上。
陰道掉進水裡……

你的陰蒂是唯一一個專為快感而生的器官。這就是它唯一被賦予的角色。它有時也讓陰道被插入時令人感到舒服，並引起美妙的高潮。它讓世界不再分成兩大類：陰道高潮人或陰蒂高潮人，因為兩者皆可藉由陰蒂達到高潮。不過達到高潮有兩種方式，可透過從外部觸碰陰蒂，或是透過插入。因此「陰蒂外部或內部高潮人」是更適切的分類詞彙。

但透過插入得到的高潮較少見。事實上，陰蒂頭是整個陰蒂最敏感的部分。因此不斷在電影中看到女性因為伴侶的老二而達到高潮，實在是令人訝異的事，因為這不太能代表大多數人的狀況，而且常常令較難以陰道高潮或無法陰道高潮的人有罪惡感。

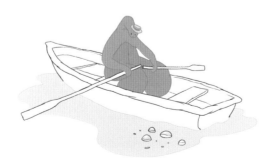

看看這塊秀色可餐的卡蒙貝爾乳酪

我的追蹤者中，只有13%能透過插入達到高潮。

剩下的87%追蹤者，需要透過刺激陰蒂頭才能達到高潮。

這份調查由約20000人參與完成。

高潮：在「隨它去」和單純的機制之間

許多人寫信給我，問我如果沒辦法和伴侶達到高潮，或是必須想著色情片的影像才能達到高潮，這樣是否正常？有些人沒辦法全神貫注在當下，因為他／她們很快就會分心。想像色情片的場景助自己一臂之力，並不表示不尊重對方。只要這麼做能讓你變得色色的就好。無論如何，每種想像都有其愛好者嘛！有些人回想色情片的影像，有些人或許想著機器人造反或是外星人入侵……只要能讓你慾火焚身的想像，就是好的想像。也許這不只是你個人心理狀態的問題。而是因為這個時代充斥著雜誌、電影和網路等媒體營造的美好形象，容易讓我們因為自己太「不完美」而感到罪惡，於是要對自己或伴侶的身體感到100%自在是很不容易的事。在享受魚水之歡的時候，你必須要知道如何跳脫對自己的批判。

電影和刻板印象限制了我們的性愛想像。我們總是會看到演員們以一貫的方式達到高潮，而且臉部表情實在很好笑！這就是問題的根源。真實生活中是不一樣的，而且當我們享受快感時，我們應該要忘我：忘記自己的臉

部表情、我們發出的聲音、我們的姿勢……

不容易吧？這叫做「隨它去」，而這可能會是一輩子的功課。一邊控制自己的形象一邊達到高潮，就我看來是不可能的事。因此這就是為什麼獨自一人的時候比較容易達到高潮。

談完幻想，現在來談談機制吧！普遍的理想說法是，陰道是透過腦袋想像來達到高潮，陰莖的高潮則是一種機制。這會令人罪惡感大增，因為如果我們相信這種說法，這就表示我們一大堆人都沒辦法「正常運作」。但是驚喜來了！以有效的方式逗弄陰蒂，無須花腦筋思考，就能輕鬆達到高潮。但若對方是把一切怪到你、你的腦袋和身體上，說你沒有正常運作，這也太卑鄙了吧！你發現你獨自一人的時候更容易達到高潮嗎？

有耐性傾聽，並且了解你的身體的好伴侶，幾乎總是能帶你達到高潮。他／她越能做到這點，你也就越不需要思考。別忘了，陰莖和陰蒂是同性質的器官，因此沒有理由誰的器官運作的比較差。絕對沒有這回事！

你的伴侶的實作方式和力道大小會讓一切大不相同。這需要練習，還要對對方的身體有基本的認識。因此放心吧，你沒有壞掉。最好建議另一半讀這本書。

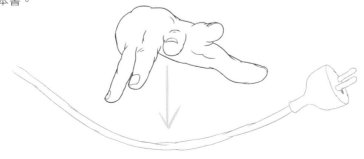

在家做的小練習（先從獨自一人開始）：

一邊自慰，一邊發出你覺得自在的聲音或表情。專注在你的快感上，並把手指頭放在能幫助達到高潮的地方。

有些人會大叫、呻吟、低吟、無聲、屏息……有些人則需要繃緊肌肉、伸直雙腿、緊抓著某個東西、閉上眼睛或是眼睛瞪得大大的、嘴巴開開。有些人需要加快呼吸以達到過度換氣。

然後還有幻想，像是回想生活中或色情片的場景、創造自己的劇本、想像太空章魚正在舔你，只要能讓你興奮的都可以！

現在你知道什麼能讓你「開機」，告訴你的伴侶（不說也可以），然後以前所未有的方式解放自我吧！特別是當你辦不到的時候，也不要有罪惡感，因為你並不是唯一有這種狀況的人。別忘了你的伴侶也應該要對你的身體有最少的認識，以幫助你達到高潮。總之，不要為了一點小失誤就獨自扛下所有的責任。

我們都有自己不喜歡的事，因此別試著踩別人的地雷。然後告訴你一個小八卦：在電影裡，他們並沒有真的高潮……

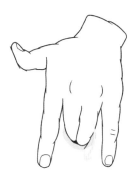

我不喜歡放進手指， 正常嗎？

很正常，而且你不是唯一一個！我們沒必要什麼都喜歡，而且絕大多數的時候，自慰僅侷限在磨蹭外陰和陰蒂頭。光是試圖放進手指就已經非常令人尊敬，至少你嘗試過放進去是什麼感覺。

如果你還沒試過，那麼我鼓勵你試試看，不必非有快感不可，只是要認識一下你的私密處。對於喜歡這麼做，並且自忖是否正常的人，我的回答恐怕也是差不多的：很正常，而且你不是唯一一個！

跟著我說：「我很正常～～～！」

性高潮障礙 ： 我從來沒有體驗過高潮，
無論獨自或兩人一起。

你不是唯一一個！如果你知道我收到多少關於這個問題的訊息就好了。性高潮障礙是關於所有陰部的問題，陰莖當然也存在這樣的問題。

因為我們都不一樣，每個人的原因也不一而足。有些人在碰觸陰蒂時會感到疼痛，因而妨礙他們得到快感。

其他人則在接近高潮的時候會有強烈尿意，這也會妨礙他們達到高潮。有些人會不由自主的大笑，因為他們覺得太癢了。有時候性興奮也會缺席，例如憂鬱、疲勞、壓力、避孕藥等等。而且，當然啦，有些人就是沒這麼喜歡性，別忘了這點！

我曾在網路上公開徵求真實案例，所有曾經在性高潮方面受挫，但是最後成功達到高潮的人，都承認多虧了會震動的「魔杖」——陰蒂吸引器（許多品牌都有推出，各種價位皆有），還有蓮蓬頭！

你一定會跟我說，這個解決方案不太環保，但是非常有效！只要轉下蓮蓬頭（如果你選擇「按摩」效果，可保留蓮蓬頭），對準陰蒂頭（絕對不要對著陰道裡面！你可能會傷害陰道菌叢）。如果你還是沒辦法達到高潮，別擔心，你還可以將外陰皮膚往上拉，讓陰蒂從包皮中露出。

P.S. 1：注意可能因為水壓而被噴走的連接軸，記得用完後要裝還去！

P.S. 2：這些選項可能會令人上癮，我們強烈建議變換各種得到快感的方式，不要讓陰蒂習慣震動／吸力／強烈刺激，以免變得不敏感。雙手永遠是你最好的朋友，而且它們是免費的呢！

如果因為疼痛，這些方法都不適用於你的身體，那麼「間接接觸」法可能適合你。只要刺激陰蒂體，不要刺激過於敏感的陰蒂頭。你可以用手指、震動器、水柱……碰觸它。你也可以盤腿坐著，然後縮緊臀部的肌肉，對你的性器官輕輕施壓。

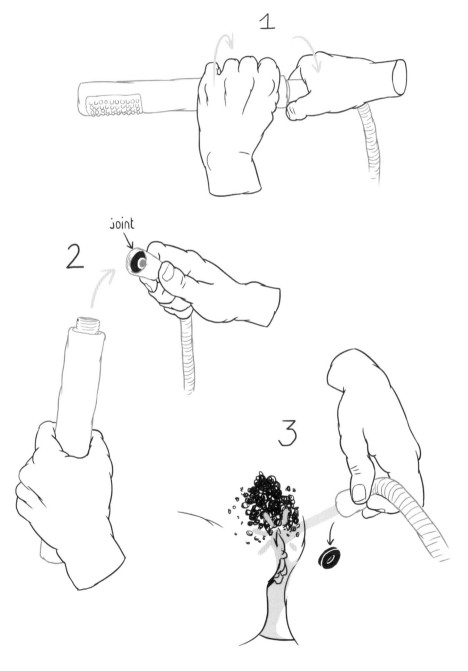

你可以趴著，摩擦抱枕或床墊。

你可以試著夾緊會陰深處，就像想要忍住尿尿那樣。這個方法在譚崔（Tantra）中也可見到，法國各地都有工作坊，開設啟蒙課程。

總之，有不少替代選項，而且每種狀況都有適合的方法！換你嘗試，找出最適合自己的方法。

如果你在高潮之前有強烈的尿意，我建議你在浴缸裡單獨自慰，並且就隨它去吧。沒有人在看你，因此沒有什麼好怕的。可能你的高潮會以水量豐沛的潮吹表現。或者，你把高潮的感覺誤認為尿意。找出答案的唯一方法，就是全心全意做到底。

最後，不要擔心！隨著時間、年齡、經驗，你的陰蒂和敏感度都會變化。例如有一天你觸碰時原先會感到的疼痛消失不見了，而原因不明。總而言之，沒有什麼是永恆不變的，因此要寬厚對待你的身體，不要給它太多壓力，任其自由發展吧！

沒有什麼比得上
自己來一發，
然後平靜入睡
更讚。

陰部和其周圍的自我探索

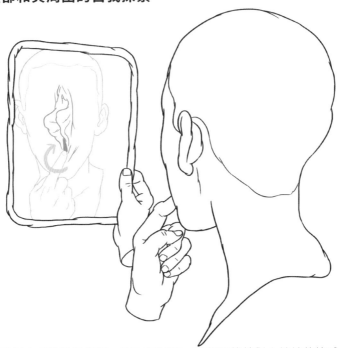

我剛創立「歡愉俱樂部」的IG帳號時,我想要終結對小妹妹的快感誤解。身為異性戀,我天真地以為必須教育陰莖的主人。即使關於教育這點並非完全錯誤,不過事實上應該先教育有陰部的人,因為說到底,那是和他們的身體有關。

雖然在我的發文下留言的人似乎對自己的身體很自在,為數眾多的私訊則不同。他們說出對快感的全然誤解、羞恥、噁心、怕痛,甚至連獨自一人時都完全沒有興致。在我看來自慰和自我探索應該是自然的正常行為,但大部分的人仍然將探索自己的身體視為禁忌。

事實上，許多人不喜歡碰觸自己的陰部／陰道、有些人則完全沒有獨自或在兩人時光中體驗過高潮、有些人會撫摸自己但是從未跳脫外陰……等等。人人都有了解自己身體的方式，不應該從一開始就故步自封、避之若浼。最令我震驚的是，這些人通常都是異性戀，而且常常讓有陰莖的人負責照顧他們的快感，但效果往往差強人意，甚至沒什麼卵用。我們當然不希望讓伴侶失望，但其實對方也不了解我們的性器官，而我們自己也不清不楚……天呀！這根本是惡性循環。

我們太常期待對方讓我們舒服，期待他／她找到正確的按鈕。這就好比讓三歲小孩組合一千片樂高。除非他是小天才，否則他很可能會費一番力氣。

所以聽好了，我們有權不愛玩弄小妹妹！但是反過說，喜歡玩弄小妹妹完全沒什麼好羞恥的。走出「性器官很噁心」的想法吧！我們的陰部很愛我們，而我有證據顯示，陰部配備了唯一完全快感取向的器官：陰蒂。沒錯，就是那個長得像開瓶器的玩意兒，你知道的，有兩個把手的那種。

如果我們從來沒有花時間了解自己的性器官，又怎能要求任何一個人給我們快感，甚至帶領我們到達高潮呢？這一點某天給我當頭棒喝，讓我了解到我自己花了一輩子等待理想的情人，其實就是我自己，我擁有創造人生最美好性體驗的能力！自我探索讓我終於能夠得到快感，更加認識自己的身體和性感帶，以便帶領我的伴侶。注意，我不希望讓陰部的主人有壓力，因為做愛是與伴侶一同享受歡愉的過程，你的伴侶也有義務做些功課，像是看一些女同性戀的唯美色情片也是不錯的選擇。帶領固然很好，不過帶領做過功課而且有興趣的人更好！

如果

我們停止假裝呢？

是時候認真看待我們的性快感，並承認其療癒的效果。因為，自我探索不僅能夠讓你更加認識自己，也是學習愛自己、花時間珍惜自己身體的方法，就像我們做運動、按摩，或是吃健康的飲食。

我要在此提供一些點子，適合各種類型的人。如果你想要的話可以照著做，別超過自己的界線，讓自己感到不自在，最重要的，即使做不到也不要有罪惡感。那是你的身體，別忘了這一點！

1. 先從照鏡子觀察自己開始，認識你的陰部。而且何不給它取個名字呢？像是小陰蒂、小陰部……不要嗎？好吧。

2. 間接接觸：隔著內褲觸碰自己，**抵著枕頭摩擦**，或是用調整成按摩模式或拆下（效果更佳）的蓮蓬頭。

3.如果陰蒂過度敏感，或是碰觸時會疼痛，或者你單純就是不想碰它（也有這種情況的），你可以試著收縮會陰。就像你試著用陰道吸住內褲，或是忍住尿尿的感覺。這個技巧可以間接刺激陰蒂，某些人可以因此獲得極美妙的高潮。

也有**雙腿交叉的技巧。**這個很簡單，坐著交叉並夾緊雙腿，然後放鬆，直到找到舒服的節奏。一直保持雙腿交叉，如果你願意，也可以擺動骨盆。

4.探索陰部外部，**用手指觸碰陰蒂頭和小陰唇，**撫摸陰蒂頭和陰蒂體，一路往下到前庭。（事前需確實清潔手指與指甲。）

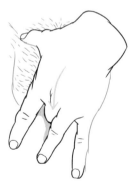

5. 探索陰道內部，放進手指，在不同的快感帶逛逛。

6. 對於不喜歡自己動手把手指放進去的人，兩人共同探索是超棒的選項。引導伴侶，告訴他／她你的感受，問他／她讓你感到舒服的區域觸感如何。絕對是最有默契的時刻。

7. 最後，**要多閱讀。** 現在可以找到很多關於此題材的書了。

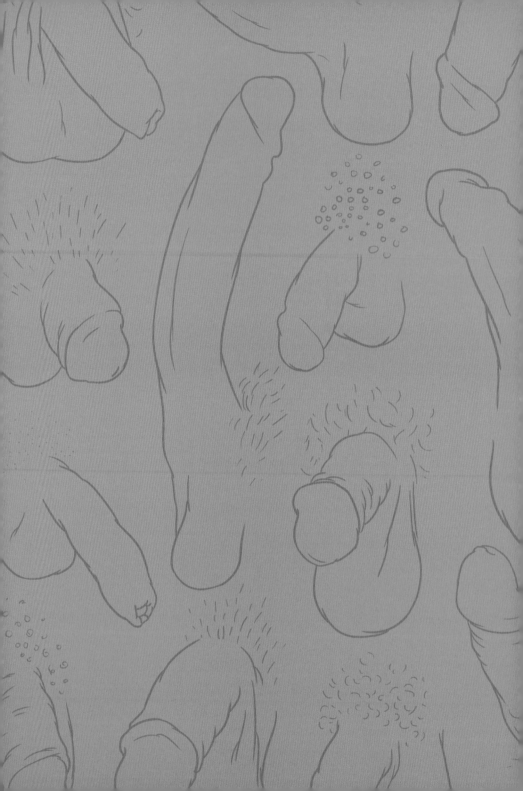

2.
陰莖之下

如果你有陰莖、小鳥、老二、雞雞，或是那話兒，
本章就是在說你。

無論你是男人、女人、雙性人、非二元性別者
或其他。

對於陰莖的刻板印象也是百百種。必須要大,勃起要硬挺還要持久,會射精,最重要的是還能插入使用!色情片固然讓我們度過許多美好時光,卻在無形中影響我們對自身以及伴侶的快感的自信心。

在色情片中,也一樣沒有展現陰莖的形狀、尺寸或表現光譜上的各種可能性。我們只會看到又直又挺、龜頭呈一直線、長達20公分的大陰莖,這是我們以為的完美陰莖平均值,並用來「弄壞」可愛的小妹妹。但是那些小巧的、迷你的、彎曲的、細的,還有龜頭比陰莖體要大的呢?這些陰莖總是被嘲笑、被視為荒謬的。我們不是會罵人「去死吧,你這個短小男」嗎?

大家都說,有陰莖是用來插的,而不是來被插的。大家都說,如果被插,那你就是「死gay／受虐狂」。人們也常說某男人很屌,意思是指某人很厲害。有時候,人們還會對成就大事的女人說這種話。沒錯,這點人人都知道,勇敢無畏之類的優點一定是所謂「男性化」的象徵。別忘了世界上有些女人也有睪丸(沒錯,我是指那些跨性別女性)……對她們而言,這種話實在很糟糕,甚至我們還幾乎忽略或淡化了她們的存在。為什麼?因為一個有陰莖卻穿的像女人的人,就是在污辱整個男性族群,或者他是變裝晚會中穿著最搞笑的人。

但我們應該認清楚,女性化並不代表失敗者!你有陰莖嗎?那麼你有權利哭泣、穿戴粉紅色衣物和洋裝、不勃起陰莖或者當個女人。最後,你也有權完全不甩父權社會對你的要求。

從外面看見的

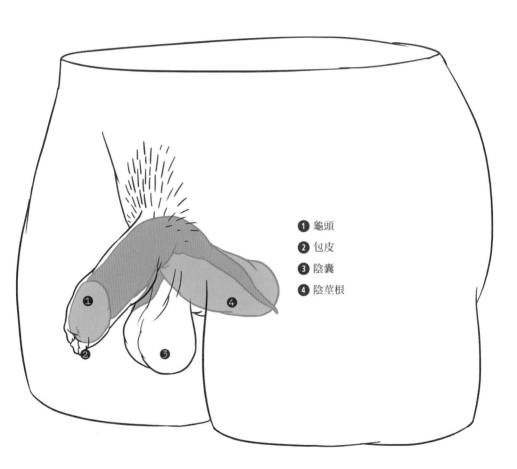

1 龜頭
2 包皮
3 陰囊
4 陰莖根

藏在裡面

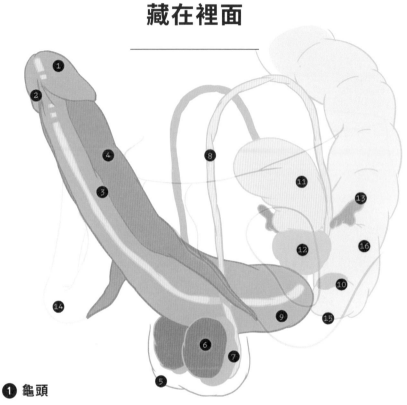

❶ 龜頭

陰莖呈休息狀態時,由包皮保護著。(補充:若進行割包皮手術,可以和醫師討論龜頭是可以仍在包皮內的。割包皮的目的不是為了讓龜頭暴露在外頭,只是為了清洗的時候,方便把龜頭露出來。)

❷ 包皮繫帶

連結包皮底部和龜頭的皮膚。

❸ 尿道海綿體

位在陰莖的下方部位,這是陰莖中包含尿道的隔間。

❹ 陰莖海綿體

它們位在陰莖的上方部位。一如陰蒂,是由陰莖柱構成,固定在骨盆上。

❺ 陰囊

在生理上,陰囊和女性的大陰唇是相同組織,位在陰莖下方,內含睪丸的囊狀物。(補充:當青春期發育時會有陰毛覆蓋在陰囊外,主要目的為調控陰囊溫度,若在陰莖勃起或是陰囊溫度較低時,陰囊會收縮,所以你會發現夏天時的陰囊比較鬆,冬天時的陰囊比較緊。)

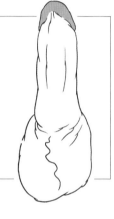

你知道嗎?

你的蛋蛋上的這條線叫做「陰囊縫」。如果你生下來的時候有女陰,那麼這條線就是大陰唇的邊緣。嚇到你了吧?

❻ 睪丸

睪丸是女性卵巢的同源器官,主要作用是產生精子和分泌睪固酮(男性賀爾蒙)。

❼ 附睪 (又稱副睪)

(所以儲精囊-另一個部位-在前列腺上面-儲存的不是精子,只是除了精子以外的精液。)

❽ 輸精管

輸送精子的生殖管道。

❾ 陰莖根部

陰莖根位在會陰部位,包括在兩側的陰莖腳,以及在中間的尿道球。陰莖根部為體內的一部分,顯露在外面的為體部,為男性敏感的部位之一。

⑩ 尿道球腺 （又稱考伯氏腺）

位於會陰深處內一對黃豆大小、深色的腺體，當性興奮開始、尚未射精時，尿道球腺分泌物會從尿道口排出蛋清樣透明分泌物（又稱射精前液），常被誤認為是精液，其功能有潤滑尿道和龜頭作用，也是組成精漿的成分之一；至於尿道球腺液裡是否含有精液，至今研究並未有定論。

⑪ 膀胱

尿液儲存處。

⑫ 前列腺（又稱攝護腺）

此處與女性的斯基恩氏腺同源，正常攝護腺的大小如同栗子，位於骨盆腔的底部，其主要功能是儲存攝護腺液(不含精子)。

⑬ 精囊（或儲精囊）

精囊儲存的不是精子，而是除了精子以外的精液分泌物，內含有黏液、果糖（精子能量）、凝集酵素、抗壞血酸、前列腺素。

⑭ 骨盆腔

位於脊椎末端，連接脊柱和股骨。

⑮ 肛門

糞便及身體廢氣排出的位置，也是肛交執行的地方。

⑯ 直腸

除了排便，也是肛交的重要地方。記得肛交一定要使用水性或矽性潤滑液。

⑰ 骨盆底肌

是一整片非常實用，而且用途多多的肌肉，尤其是能夠提升勃起的堅挺度。譚崔內行人非

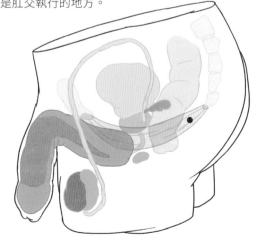

常知道如何誘發此部位肌肉。收縮會陰，你會感受到前所未見、意想不到的感覺。

陰莖靜脈

如果我們切斷雞雞，會怎麼樣呢？好啦好啦，開玩笑的嘛……

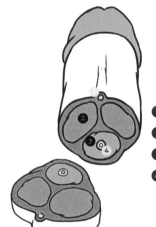

❶ 陰莖背靜脈（陰莖靜脈還分佈在陰莖各處）
❷ 陰莖海綿體
❸ 尿道海綿體
❹ 尿道

勃起的時候軟趴趴的嗎？陰莖背靜脈也許可以幫助你重拾勃起雄風。壓住陰莖背靜脈阻斷血液循環，陰莖會由於血液缺乏出口而膨脹勃起，與持久環的效果相似。（補充：陰莖靜脈與勃起機制息息相關，當陰莖海綿體充血膨脹時，靜脈被壓住而使血液停留，陰莖就能勃起。但是當陰莖靜脈滲漏，血液會很快流出陰莖海綿體，導致不持久或陽痿。如有勃起障礙請尋求醫生協助，上述方法有危險性與副作用，不建議嘗試。）

全部、全部、全部，全部都給你～

預射精液

這個液體是在興奮狀態下，由尿道球腺（即考伯氏腺）分泌。有點像是愛液的對應；此外，它的角色也相同，因為是用來潤滑的，能讓插入更容易，而且還能消除尿液殘留在尿道的酸性環境。

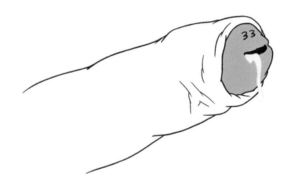

此液體為透明，依照每個人的體質，分泌量多寡不一。

預射精液不應該含有精液，不過這些小傢伙有時候會躲在尿道裡，並和預射精液混在一起。因此，如果你不希望讓小妹妹受孕，那就全程使用保險套吧！

軟蛋蛋 vs 硬蛋蛋

你的陰囊是用來讓睪丸溫度低於體溫，以利製造精子。沒錯，這兩顆難搞

的小東西必須保持在室溫34°C。為了達到目的，蛋蛋的外皮（也就是陰囊）在天氣熱的時候會放鬆並遠離身體，或者在天冷的時候緊縮貼近身體取暖。大自然真神奇，不是嗎？

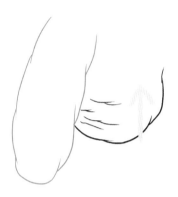
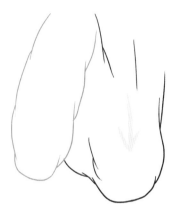

你知道嗎？

你一定知道人們稱那些喜歡性愛的女人「痴女」（nymphomane）。這個詞很快便散播開來，人們不加思索地亂用，而且經常帶有貶義。

不過你知道形容男性的同義詞嗎？想必不知道，這很正常，因為喜歡性愛的男人就是……男人。才怪，事實上，性慾亢進的男人也有一個名詞，叫做「男性色情狂」（satyriasis）。好啦，這就是我要說的話：「幹XX的，父權社會！」

精液

精液是由附睪和輸精管中所含的精子，混合精囊、攝護腺和尿道球腺的分泌物所組成。

好吧，真的是一團亂。那就來看看下面這張漂亮的圖：

精子
預射精液（尿道球腺）

前列腺液（前列腺）

精囊分泌物（精囊）

除了生殖角色，人們還認為精液有許多優點。是迷思還是事實？或許我們永遠不會知道……

抗憂鬱劑 *

根據某些調查報導，精液是天然的抗憂鬱劑。在沒有保護措施、無論插入哪個洞的性行為中，精液會釋放出血清素和褪黑激素，兩者皆以治療焦慮而出名。

有點憂鬱嗎？你知道該怎麼做……

喝一大碗精液，重新出發吧！

*此處醫學尚無準確相關文獻與研究報告，勿以此報導勸說或強制伴侶嘗試。若與非固定伴侶進行性行為，請做好保護措施。

抗老化 **

精液含有亞精胺，這是一種對抗細胞老化的有名物質。據說無論是當作面膜或是顏射，對頭髮和皮膚都非常好。沒錯，我們砸大錢買天價乳霜，卻沒想到家裡就有這種好東西。文森·麥克杜姆（Vincent McDoom）早就跟我們說了，我們這些可憐的傻瓜卻還指著鼻子笑他！

你先請

我很清楚你想要說服另一個人吃下去……你知道的，並不是因為聽說對健康很有益處，人們就準備好吃魚肝油或是擦布根地蝸牛液。對精液當然也是一樣。夥伴，你先射一發我們再討論吧！

割包皮和雞雞的敏感度

即使在成年人身上，也可能發生包皮難以褪下，甚至在勃起時也無法完全露出龜頭的情況，不僅對性行為造成困擾，甚至會引起疼痛。我們稱之為「包莖」。如果發生在你身上，首先要做的就是去看醫生。醫生會告訴你該怎麼做，像是割包皮或是包皮背切術（割包皮之外的另一選項，可保留包皮）。不過別擔心！所有長大後才割包皮的人終於能回答大家常問的問題：「呃……割包皮以後你是不是沒什麼感覺？」

＊＊此處醫學尚無準確相關文獻與研究報告，勿以此報導勸說或強制伴侶嘗試。若與非固定伴侶進行性行為，請做好保護措施。

理論上而言，這是沒有規則的。有些人認為敏感度降低，有些人則發現敏感度優於過去；有人覺得什麼都沒變，也有人因為摩擦而感到疼痛（不過這種人相當少）。總而言之，絕大多數的案例都沒有因此受創，反而過得相當好。

不過我們發現，這些人在割包皮之後通常需要較多潤滑液。

先等一等！

笨蛋才避孕嗎？

針對有陰部的人的避孕法由於副作用，已經不再那麼受歡迎。自然地，我們就會轉而將目標朝向有陰莖的人，讓他們也能承擔這份責任。是真的，避孕是和每個人都有關係！

不過有哪些選項呢？最有效的解決方法當然就是戴保險套。既實用，又能預防潛在疾病，你知道吧？

避孕藥則還在試驗階段，因此目前不算是很好的方法，而且由於法國人興趣缺缺，很可能不會商業化……算了……

熱感內褲（又稱加熱內褲）真是非常天才的發明。它會讓陰囊上升貼近身體，以將溫度升高至36或37°C，這樣就能解決精子的問題了。這種內褲要

每天穿著，雖然第一天可能會感覺怪怪的，不過很快就會習慣，說穿了就是有點像胸罩。你和另一半想要寶寶的時候，停止穿著即可。但是真正的問題在於不太好買（沒什麼廠商研發生產），因為男性避孕也不受重視，幾乎沒有人在乎。別猶豫，詢問你的醫生是否能開立處方，妥善避孕，人人有責！

更多資訊請上www.slip-chauffant.fr

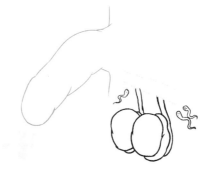

另外還有輸精管切除術，主要用於確定不想要孩子，或是已經有孩子的人。輸精管切除術是紮起輸精管，使精子無法傳送到那個你知道的地方。只要一點點局部麻醉，10～30分鐘就搞定，手術過程不痛也不影響未來的勃起。總之你可以請醫生開處方籤，事先在適合的實驗室冷凍你的精液。你的精子可以如此保存30至35年呢！

然後你也可以請醫生幫你做「精液分析」。這是一種評估生育能力的檢查。或許能派上用場。這些全都要說，除了保險套，沒有任何一種避孕法發展得夠完整，而且成功率也大多不如保險套。因此目前避孕對於男性的選擇還不多，期待未來有你們展現的機會。

保護自己， 預防性病
（戴保險套又不妨礙勃起絕非不可能）

預防性傳染病的小提醒：

一無論你的性向為何，一定要戴保險套；

一防護措施品必須在有效期限；

一如果你要用吸管插鼻孔，或用針頭插手臂，確認在你之前沒有任何人使用過。

像你們一樣不喜歡戴保險套的人為數眾多，因為會妨礙有些人勃起，或是降低有些人的敏感度（但這不是散播或得到性傳染病的有力理由）。保險套不可或缺，能保護自己預防潛在疾病，也是避孕的最佳方式之一，而且所有在你床上的人都會很高興看到你樂意戴上保險套。

如果套子讓你不舒服，或許是因為尺寸和你的性器不合。保險套必須充分配合陰莖大小。想要知道尺寸是否合適，保險套必須要能用大拇指和食指輕鬆套上。如果有皺摺，那就表示對你來說太大了。

你的陰莖長度和保險套的尺寸毫無（或是極小）關係，事實上，周長才是需要考慮的部分，因為過緊的保險套可能會導致勃起障礙，而過大的保險套則可能破掉或滑脫，留在不知道誰或哪裡的裡面。無論如何，要買保險套的人是你，因為你的伴侶可能猜不到你的尺寸。

要找到完全適合的保險套，網路上有諸多選擇，或有量身訂製的選擇，我保證在感受度方面絕對大不相同！

有些零售商或品牌推出模擬程式,以便選擇理想的尺寸。任何癖好的人都能找到喜歡的保險套,甚至連對乳膠過敏的人也不例外!

如果你只能在一般商店或藥局購物,選擇就會比較偏限,因為店裡只販售三種尺寸(S、M、L)。此外,每個品牌並沒有用標準尺寸統一規格。這還沒完,有些保險套是以寬度計算,而非陰莖的周長或直徑(後兩者是相對較容易的計算法)。總之,這真的很惱人,而且大家都喪失信心嘗試找到正確尺寸。這樣你應該懂了,商店裡的保險套並非量身訂做,不過好處是能救急!仔細看看包裝盒:即使藏得很隱密,標稱尺寸總是非常準確的。

想要了解最適合自己的尺寸,只要用皮尺或細繩測量陰莖勃起時的周長即可(量陰莖中段,不是量龜頭)。好啦!現在只要對照下一頁的表格,就能知道該在商店選擇哪一個(大約的)標稱尺寸。至於肛交,內用保險套也能派上用場!詢問醫生、到家庭計劃處(免費)、情趣用品店或網路商店都能取得。

至於毫無後顧之憂的口交,牙齒隔離障是絕佳的保護措施。這個也能在家庭計劃處、情趣用品店和大型網站上取得。如果手邊沒有,你也可以使用男用保險套當作自己的牙齒隔離障。

最後,乳膠手套,尤其是超酷的黑色,是指交和拳交的絕佳選擇,而且非常衛生。在情趣用品店、藥局、網路或木工賣場(哈,你沒看錯!)都能找到。

周長（公釐）	寬度（公釐）
< 102	45-47
103-114	48-49
115-119	50-51
120-124	50-51
125-130	53-54
131-140	55-58
141-147	58-60
148-155	60-64
> 155	64-69

有問題？沒問題？

勃起問題、 早洩或延遲射精……

首先，和醫生談談非常重要，以確保你沒有身體上的問題。如果有問題，他／她能幫你找出來，並且提供你適合的治療方式。專門的運動治療師也能幫助你訓練骨盆底肌。

如果比較偏向心理上的問題，那麼這一章就和你有關了。很可能有人不斷告訴你，要帶給伴侶歡愉，必須表現很好、老二很硬、而且至少能夠進進出出20分鐘……但是從抽插到射精的平均時間*在2至10分鐘呢！少於2分鐘，你就是早洩。多於10分鐘就是賺到了。不過要是開始疼痛，那就表示太久了。

人們也不斷告訴有陰部的人，插入就是聖杯，無法勃起的人很可能是因為對你沒興趣了。看到這裡也壓力山大了吧！難怪這麼多人有陰莖相關的障礙……

大家也不斷讓人以為所有有陰部的人都能因為陰莖而獲得高潮。對絕大多數有陰部的人而言這是錯誤的，而且大錯特錯。透過插入得到高潮固然存在，但不代表多數（甚至只有少數）。現在應該減輕一點壓力了吧！

此外，像你這樣的伴侶可能非常寶貴呢。事實上，無法像色情片男女演員一樣使用陰莖，反而能夠激發創意。

＊性交平均時間因調查來源不同，可能有 1 ～ 2 分鐘的誤差。

你的雙手能做出無限動作，這些是全世界的陰莖永遠無法相提並論的。而且看著另一個人享受快感也很激情，不是嗎？是我的話，一定會因此勃起⋯⋯

好，OK，你想要可以使用你的雞雞，我懂⋯⋯我們就要說到那裡了。

在我製作的一份調查中，成功解決問題的參與者幾乎都寫了相同的事。注意，聽好了，你一定會大吃一驚⋯⋯他／她們過去都因為要帶給對方快感，而壓力很大，最後決定和伴侶溝通！

為了不要長篇大論，以下是不少解決勃起問題可探索的線索：

▶把事情說開，找出問題的原因，讓對方幫你消除疑慮並且支持你，這些讓不只一個人解開心結！
▶去看心理治療或性學專家也是一個很好的解決方法。中醫的針灸或區域

反射療法或許也有幫助。

▶有些障礙來自我們看太多色情片，色情片會制約你的大腦，讓你在「超常」情況下才感到刺激，而當你身處「正常」情況、面對一個「正常」人的時候，你的腦袋就會自動感到失望，性器自然也就垂頭喪氣。如果這是你的情況，或許是時候暫停看成人影片，專注在真實世界上。待你解決勃起的問題後，當然可以再回去看。

▶感覺快射精的時候可以換個姿勢。在陰莖根部施壓，阻擋精液射出。你可以借助假陰道，訓練自己忍住射精。有各種價位的假陰道。

▶休息一下，好好照顧小妹妹。何不用手或是嘴巴讓伴侶在你之前達到高潮，以便消除不顧一切要讓對方有快感的壓力呢？並且請伴侶關愛你身上被忽略的性感帶，這麼做可以減輕陰莖的壓力。

▶有時候在性交時，伴侶會引起不受控制的壓力。這時候最好和對方談談，甚至換個伴侶，過一段較無害的關係。

▶如果無法射精，那就想一些會讓你興奮的事物。沒有人會知道你的心思飄走了，再說，想些別的事物助自己一臂之力又何妨。很多人都這麼做！

▶使用藥物或酒精可能會抑制性慾，可以詢問醫生調整處方藥物或減少飲酒來改善。

最後你要記得的是，一般來說，只要你能用其他方式帶給伴侶快感，對方可能根本不在乎你是否能插入。這也是本書的重點。

用雙手做愛。

射精不是高潮， 反之亦然

我們太常忘記，（兩性的）射精並非必然和高潮有關。事實上，高潮需要某些心理條件、全然放鬆隨它去，但射精則是生理機制。

沒錯，我們可能會達到高潮卻沒射精！

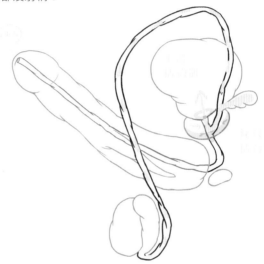

這叫做「逆行射精」，意思是精液在穿過前列腺、位於平滑括約肌（往膀胱，阻止尿液混入）和條紋括約肌（前列腺出口）的尿道時，由於條紋括約肌封閉而平滑括約肌打開，而在射精時往上進入膀胱。精液會在排尿時在馬桶中自然排出。

也有另外一個技巧叫做「不射精」，是在高潮時在陰莖球（陰囊和肛門之間鼓起的區域）上施壓，阻斷精液。這麼做可以讓那話兒達到連續多次高潮，而且能讓高潮更加強烈……有興趣的話，網路上有更多資訊。

好好認識自己

陰莖和其他的自我探索……

你已經很久沒有踏出舒適圈了嗎？我們都有自己的習慣，而且一旦找到讓
自己舒服的方式，就很難換掉。問題是，這樣可能很快就會變得單調，我
們一度鍾愛打手槍的小確幸有一些也會變得千篇一律、單調無味。永遠都
看同類型的色情片、用同樣方式打炮或打手槍……等等，這就像每天都吃
同一道菜，煩死人了。

一開始，我會建議你創造一個感到自在的環境：蠟燭、ASMR影片或48小時的蟬鳴……或者什麼都沒有。讓自己舒舒服服的就對了。

1- 首先，如果你很熟悉色情片，且已經開始影響你的性生活，我只能建議你少看一點，或是換個口味。在搜尋欄位輸入新的關鍵字，試著找到新的性幻想。性愛註定會改變，我們在16歲時喜歡的和40歲時做的絕對不會

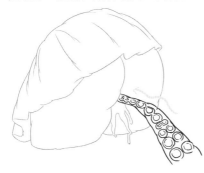

一樣。有時候，只要跳脫習慣，就能發現我們的慾望變了。不要因為讓你興奮的新事物而害怕或感到羞恥，人人都有說不出口的性幻想。有些人需要在真實生活中體驗，有些人則寧願留在腦袋中幫助自己高潮，由你決定。

2- 從觸摸龜頭頂端開始，接著逐漸往下，
全神貫注不要忽略任何生殖器的任何部位。
注意哪些部位比較敏感。

花些時間以不同方式撫摸自己，要更溫柔，
何不撫摸自己的身體、乳頭或是任何你喜歡
的地方。讓創造力奔馳，變化動作、節奏和
「工具」（例如羽毛、電動按摩棒、給宏德
海鹽——開玩笑的，別這麼做）等等。

試著找出所有快感帶,一個一個來,不要害怕碰觸你從來不敢放進手指的地方。沒錯,我就是在說你的屁股。你獨自一人,沒有人在看你。你可以先從輕撫肛門開始,放鬆之後,試著放入一根手指或是迷你假陰莖(市面上有口紅大小的假陰莖,對肛門新手來說非常適合)。

我們有權不被肛門吸引,沒有人逼你,不過如果你不這麼做是出於害怕動搖你的「男子氣概」,那麼讓我告訴你,你把手指頭戳進眼睛裡算了。這並不是男同志和女人專屬的快感,也不是什麼「被虐者」的東西。給我拋開這些爛想法,把你自己塞進屁股啦(這是幽默……)。

3- 如果你不想要獨自一人做,你可以和伴侶討論,我相信他/她一定很樂意陪你進入這個新體驗。你們舒服躺好,先從講些讓彼此興奮的話開始,聊你們的性幻想、擔憂、渴望等等。就像真正的交換想法,沒有任何批判。如果對方或你覺得雙方都還沒有準備好滿足其中一人的性幻想,那就說出來。不要勉強自己。這不代表就此裹足不前。性愛總是會改變的,你還記得吧?回到正題。請伴侶碰觸你,並且引導他/她嘗試新事物。你們的注意力不一定要放在性器官上。你們可以在從頭到腳撫摸、抓搔等等的過程中,嘗試找到你的性感帶。這段時光會是你們的伴侶關係中的一大步,而這份默契絕對會更拉近你們之間的距離。

大小不重要！

話說回來，還是有一點重要啦，因為一個鍋配一個蓋。大老二無法帶給所有的人幸福，小老二或許還是某些人的選擇標準呢！而且有時候，如果會疼痛，或是什麼感覺都沒有，要懂得承認彼此的性器不合。不要因為不合適而感到氣餒，這並不代表你的性生活就此完蛋。事實上，性器大小和你是否是個好情人，完全是兩碼子事，重要的是巧妙靈活地使用（或不使用）性器的方式、創意、傾聽、想像力、雙手和舌頭，讓你真正表現出色。

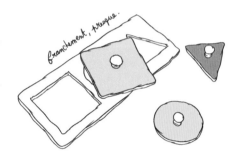

你們就是動物

在《愛經》中，我們的性器尺寸會與動物對應。有3大類動物，從最小到最大，每一種組合或多或少都是相合的。例如，母鹿和公馬在一起可能經驗就不會太好。解釋：

小妹妹是依照陰道的長度和窄度分類。

母鹿：	母馬：	母象：
至9公分	10至12公分	12公分以上

那話兒也一樣，不過在此週長並沒有列入考量。

公兔： **公牛：** **公馬：**

至12公分 12至16公分 17公分以上

我不知道小妹妹的尺寸計算是否在休息或是興奮的時候，因為陰道依照興奮程度，延展性可以很大。

以上這些資訊僅供參考，並沒有科學根據，總之找到最適合自己的另一半尺寸，青菜蘿蔔各有所好，只能自由心證囉！

享受讓對方高潮的人，
才是最會做愛的高手

那，我們來做吧？

快感區域圖和搭配插圖的建議

真興奮你讀到這個章節了！因為這裡是關於快感、歡愉，還有創意。這是我最喜歡的章節，因為費盡了我全身上下的力氣呢！你會發現我重複使用一開始的解剖圖，不過圖片有些許不同：藍色區域是能引起快感的地方。當然啦，我們每個人都不一樣，因此可能有一、兩個區域是你完全沒有感覺，或者是讓你爽到翻掉的區域並沒有在圖片上。重點在於認識所有這些快感區域以及你的伴侶，讓你了解到在感官、動作和創意方面的可能性有多麼廣博。

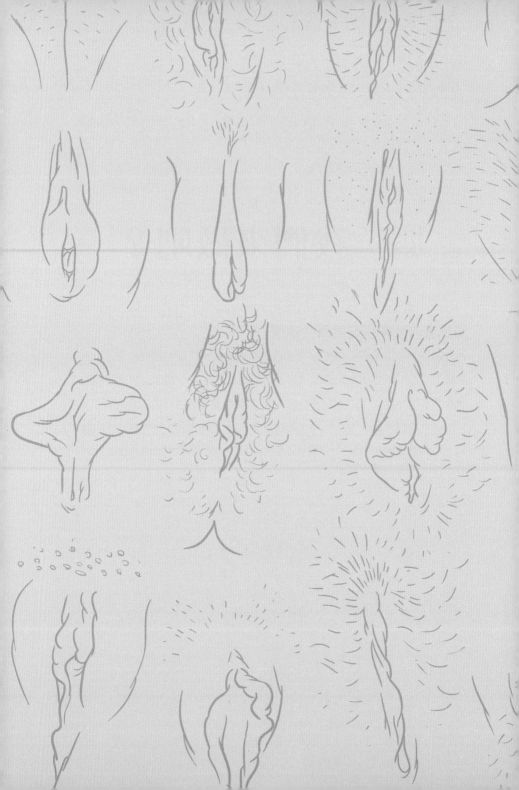

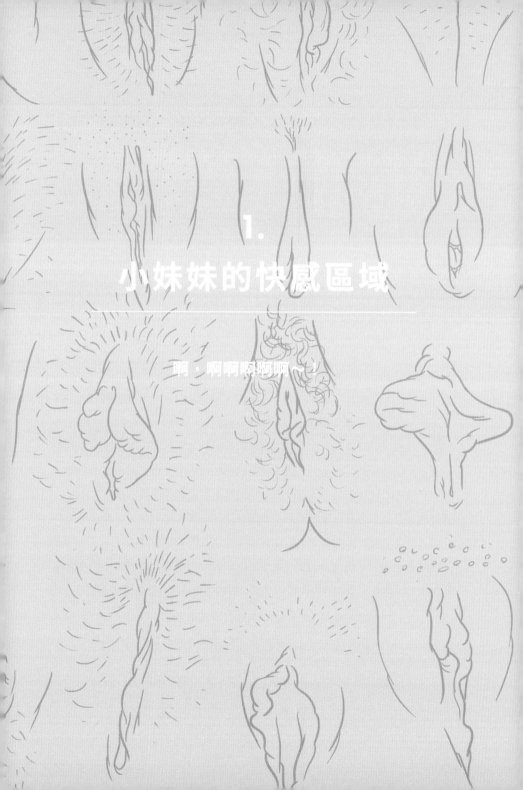

1.
小妹妹的快感區域

啊，啊啊啊啊啊～！

「我想要幹你，

你想要幹我，

我們想要相幹，

喔喔～喔喔！」

By Odezenne

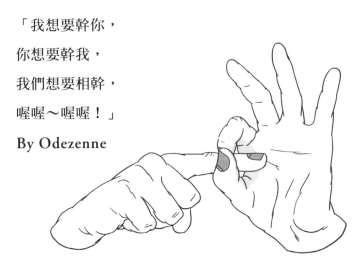

不是只有陰道和陰蒂頭而已！只要仔細找找，就能辨認出各式各樣的快感。快感固然常和陰蒂有關，畢竟我們還記得，這是唯一專為快感而生的器官。因此多虧有陰蒂，我們能夠得到美妙的高潮，而且插入也很舒服。但是還有其他性感帶，觸碰時也能帶來極度的歡愉，而且對某些人來說，可能甚至會引起另一種高潮呢。如果我們不認識這些部位，這或許是因為插入並不能達到所有效果，雙手在變化方面反而有更多可能性。這個練習非常適合兩人一起進行，認識有多少區域能引起快感。當你的身體不再有祕密時，你就知道如何以清楚的方式引導那個有幸和你上床的幸運兒。

或許你在後面的圖片中找不到這麼多快感區域，而某些地方甚至是你不喜歡被碰觸的。不過幸運的是，隨著歲月、想望和感官的變化，你的性器或許還有很多待你發掘的驚喜呢！

陰蒂與周邊的12個快感區域

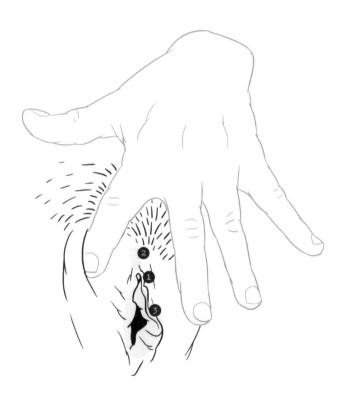

❶ 陰蒂頭 （外部刺激）

最容易引起高潮的部位，與男性龜頭的敏感程度不相上下，需要非常輕柔對待。

❷ 陰蒂體 （外部刺激）

陰蒂體會隨著性興奮而脹大，與陰蒂頭一樣要溫柔以待。可以先刺激陰蒂體，不要一開始就刺激陰蒂頭，因為陰蒂頭太敏感需要循序漸進。

❸ 外陰前庭 （外部刺激）

陰道前庭指的是小陰唇左右兩側之間的區域，前端到達陰蒂，後則到達陰唇系帶。開口於陰道前庭的結構有尿道、陰道、前庭大腺、斯基恩氏腺。

愛撫這塊區域，可以刺激分泌潤滑液體。在圖上發現四個小點：上方是斯基恩氏腺（女性射精液體）；下方則是巴氏腺（愛液的一部分）。

❹ 陰道口 （內部刺激）

陰道口位處兩個前庭球和其匯合處之間，因此具備特殊的敏感度。

❺ 粗糙地帶 （G 點區域） （內部刺激）

它位在陰道內部靠近入口，約在兩個指節處。（註：右圖標示的藍色範圍過大，G點位置應該在距離陰道口約兩個指節處，為標示的部分後端實體藍色處。）

❻ 陰道上方區域 （內部刺激）

這個區域觸感平滑，位在粗糙地帶和恥骨上方。刺激這裡，有機會獲得有名的女性潮吹。

依照手或伴侶性器的傾斜度，會觸動膀胱。感覺想尿尿嗎？解放的時候就是潮吹了。

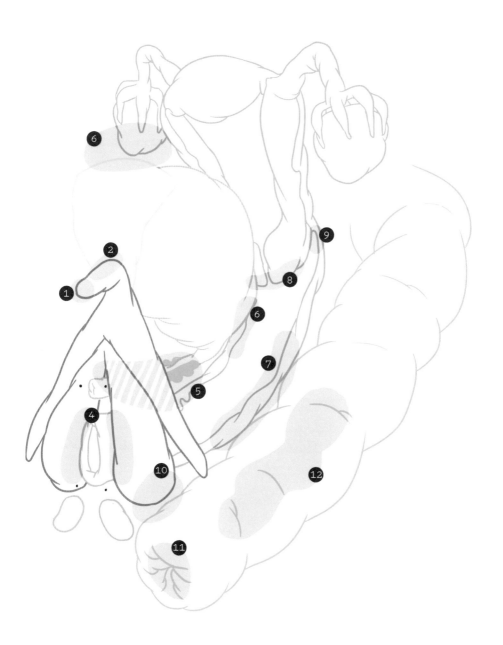

注意：潮吹（高潮排尿）不是每個人都能接受，而且每個人的身體狀況都不同。如果你與伴侶都樂於嘗試，那事後勤勞清潔就好了。

❼ 陰道下方區域 （內部刺激）

內壁細緻光滑，區隔陰道和直腸。這個區域位在陰道口和子宮頸之間。此區域非常有意思，因為受到撩撥時，它會產生和一般插入極為不同的感受。適當調整體位，或搭配情趣道具可以比較容易喬到角度碰觸這裡。

❽ 子宮頸 （內部刺激）

可透過手部或陰莖／假陽具深深插入以刺激此區域。有些人可能會感到不適（像做子宮頸抹片檢查的感覺），因此要溫柔以待，除非小妹妹叫你用力一點。

❾ 子宮頸前芎隆 （A 點區域） （內部刺激）

若陰道很放鬆又興奮，那麼刺激此區域還不錯。如果小妹妹會痛，也許你用力過猛，或許他／她會害怕、沒那麼想要、子宮後傾，或是需要看婦產科醫師。

❿ 會陰 （外部刺激）

陰道口距離肛門之間的區域，刺激這一區塊會牽動肛門附近的肌肉，也是敏感帶之一。（註：藍色部位標示的位置是在立體圖陰道內部，會陰實際位置位在外部陰道靠近陰道口的下方區域，刺激這一區塊會牽動肛門附近的肌肉，也是敏感帶之一。）

⓫ 肛門 （外部刺激）

肛交進行的地方。

⓬ 直腸 （內部刺激）

記得肛交一定要使用水性或矽性潤滑液。

小妹妹使用方式

你在做什麼指交啊⋯⋯

彈鋼琴嗎？

叩、叩、叩？

嘟起嘴巴,將嘴唇貼近陰蒂頭,伸出舌頭,以有節奏的方式輕輕舔逗陰蒂頭。至於節奏由你決定。想像自己是配備多種段速的情趣用品。

嘿,小屄屄,沒有除毛也沒關係。

你的身體,你的規定。沒有人有權告訴你是醜是美,我們才不在乎其他人呢。如果你不想再受除毛之苦,或是你想繼續除毛,一切操之在你!

鴨子嘴

如果小妹妹買不起現在蔚為話題的情趣用品（你知道，那款和小甜甜布蘭妮的歌womanizer同名的陰蒂吸引器？對啦，再想想），你可以嘗試用嘴巴創造相同的吸吮動作。這很簡單，首先做出鴨子嘴，然後把你的嘴巴湊近對方的陰蒂頭。好，現在，吸吧！你會發出很大的嘖嘖聲，而且很累人，但是效果絕佳。我想，這一定就跟被吸老二一樣吧。你也可以利用空氣，吐出舌頭堵住空氣，然後再縮回舌頭，動作要非常快速。

夾住我吧

用你的雙唇夾住陰蒂頭，一邊用舌頭側舔：從上往下，或是從左到右，由你決定。

（再次）叩、叩、叩

手指與其停在陰蒂上，不如用輕點的方式碰觸。不過注意，別太用力！試著從輕輕摩擦開始。這個小東西是很敏感的，別弄痛小妹妹了……

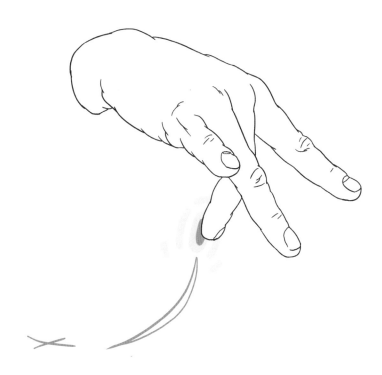

叮鈴、叮鈴！

這個動作真的要非常輕柔，OK？輕捏陰蒂頭，並做小幅度的動作。

要、很、輕。

專家級！

幫小妹妹口交的時候，變換動作和速度是很重要的。以下這個方法或許會讓小妹妹很舒服：將一隻手放在恥丘下方，將皮膚往上提。重點在於讓陰蒂頭從包皮露出。我知道，每個陰部都不一樣，所以如果陰蒂頭沒有露出來，也別用蠻力拉扯。注意，這個動作可能會讓某些人不舒服，說再多次也不嫌煩，要、溝、通！

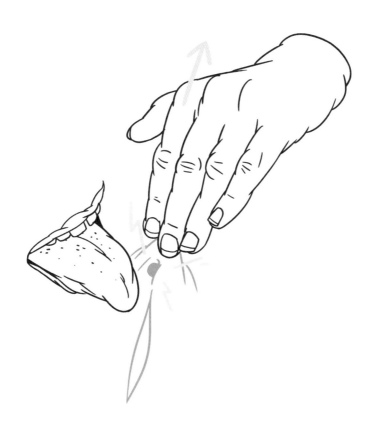

口交絕技的祕密

雖然標題似乎帶給你無限希望，不過主要是為了吸引你的注意力。你會明白，關於這件事沒有什麼神奇祕訣或單一做法，不過還是有一些規則需要陰部的同意……

1. 不要立刻探往陰部或乳房。最擅長撩撥神經和挫敗感的人，就是最令人興奮的情人。整個身體都是最適合愛撫的遊樂場，而且耐心就是黃金。因此好好享受吧，刻意避開性器官、觀察它、玩弄對方的雙腳、舔對方的耳垂……這些都有助於營造一觸即發的情緒。因為你並不是不知道女生不只有陰部。

2. 輕撫對方的性器官。舔舐陰蒂頭周圍的區域。不要太快也不要太用力，尤其是一開始的時候。因此剛開始時要避免硬梆梆的舌頭，或是

大口舔，除非你覺得小妹妹希望你這麼做！

3. 不時改變動作或節奏，以免陰蒂無聊到睡著。用同樣方式過度逗弄，小妹妹很可能會變得沒有感覺。單純改變方法，有時候就能重新獲得最大快感。

4. 發揮創意，放手玩吧！賦予快感的方式有千百種。你可以舔舐、吸吮、吹拂、吸引、吐氣、輕咬、用手指等等。你也可以用鼻尖、雙手、假陽具、冰塊、熱水或冷水等。不要害怕嘗試各種事物──不過當然得到對方同意，對吧！你也可以到色情網站的「教學」類別，透過搜尋到的影片學習新知。

5. 讓對方知道你也很享受。如果你這麼認為，可以讚美對方的性器、氣味、甚至滋味……別害怕暫停片刻欣賞小妹妹。許多生來帶有小妹妹的人，對於展現自己的性器官沒有安全感。因為小妹妹的形象太過單一，許多人因此為自己性器的外觀或氣味感到羞恥。

6. 有件事可以發揮一些效果：當你聽見對方的呼吸變得急促時，有時候這代表對方正在放縱自己享受，而你也做對了。準備好挑逗對方的神經吧。當小妹妹以為你要下手時，先暫停幾秒鐘。這麼做可能會讓對方惱火，不過也會提升興奮度。然後接著繼續做。想要重複幾次此步驟都可以。直到高潮！碰！

7. 口交時如果手指放置的部位得宜，通常很討喜，因為這麼做可以從內外刺激陰蒂，總之各處都會受到刺激！

8. 要有耐心。要讓小妹妹達到高潮可能要花不少時間。不過別因此氣餒，而是要想著是正在享受給予對方快感。再次提醒，這麼做沒有規則可言，也許會花上5到45分鐘，或許更久呢！

9. 好好溝通，拜託！如果你不花時間問問小妹妹是否喜歡，那麼我接下來的建議都沒有用。如果他／她不知道（發生什麼事），那麼就送他這本書吧。

暫停！我們要繼續……

舔一下大拇指，然後輕輕放在陰蒂頭上。不要立刻開始動。給大拇指時間，使之與陰蒂頭合為一體，你要慢慢來，溫柔對待陰部。

這個手勢能帶來無上的感受，相信我就對了。

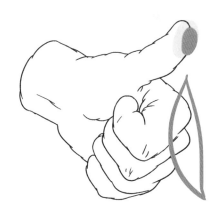

顫動陰蒂頭

喔不，你的舌頭已經抽筋，但是小妹妹還是沒高潮嗎？小可憐……

把一隻手放在恥丘上，顫動整體，藉此間接觸動陰蒂。如此就能讓舌頭稍事休息，並且繼續為小妹妹帶來快感。

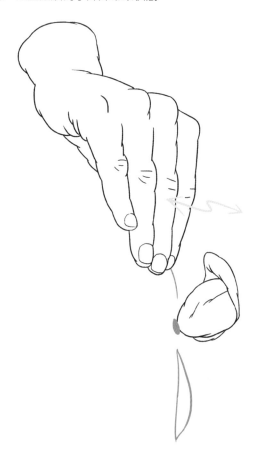

造訪前庭

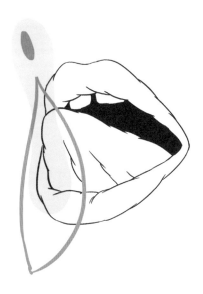

不必將精力都耗費在陰蒂頭上，讓陰蒂頭休息一下，往下到前庭。然後回來，然後下去……繼續！

你到底從哪裡學到這些的？

我說再多次都不嫌多，要是花太多時間在陰蒂上，很可能會讓陰蒂變得不敏感，甚至會疼痛。這就是為何要變化以營造匱乏感，因為暫停的時間和動作本身一樣重要。在這裡，我要你停頓二分休止符，因為我們也要關愛前庭區域。將一隻手放在恥丘上，輕輕將陰部往上提，這麼做會讓某些人的陰蒂頭露出來。潤滑另一隻手的一根手指頭，在前庭到陰蒂之間做垂直的來回動作。最好變換施加的力量：輕撫、撫摸……但是不要過度施壓，當然啦，除非小妹妹叫你這麼做。

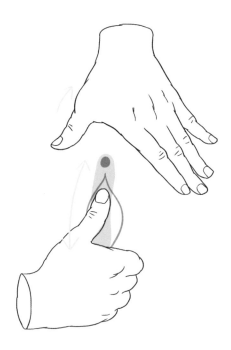

擴大目標

不需要直接碰觸陰蒂頭才能讓對方舒服。有時候,只要單純刺激周圍,就能讓小妹妹慾火焚身。

將手指放在陰蒂頭兩側,做垂直動作。你會發現陰蒂頭可能會在往上提的時候露出來。

噗啾、噗啾

將兩根手指放在陰蒂頭兩側，壓入肉裡。手指加壓到這種程度時，就會間接刺激陰蒂頭，並或許使之從包皮中露出。噗啾、噗啾，只要他／她喜歡就多壓幾次。

那如果停止假裝呢？

如果我們敢和伴侶溝通呢？你的身體是座聖殿，你當然必須先尊重自己啦！我知道說比做容易，有時候我們會假裝以免傷了對方的自尊心，甚至讓整件事快點結束，但是稍微討論一下並不會傷害任何人。如果你的伴侶為此感到不快，不要讓他／她鑽牛角尖，大膽和他／她談談！雖然有一點傷人，不過唯有如此我們才能繼續往前走，讓性愛成為特別的體驗。

轉轉按鈕

撐開小陰唇，繞著陰蒂頭畫小圓圈。最好事先濕潤手指。

大鬍子的微笑

我是否已經說過，陰蒂頭的敏感度會因人而有極大差異，有些人會感到疼痛、感覺太強烈，或是單純覺得很惱人？說過吧？沒關係，讓我再說一次。只要不斷提醒，你就會慢慢同意有時候不要直接刺激（陰蒂頭）是比較文雅的做法。無論如何，為了讓某人高潮而只碰陰蒂頭的話，坐牢也是活該。開玩笑啦，不過這麼做確實很該死。沒有啦，我當然是在開玩笑……

這個動作一定會勾起你不好的童年回憶，你的阿姨嬸嬸們用力捏你的臉頰，一邊把乾巴巴的蛋糕塞進你的嘴裡……不過無所謂，我還是要冒著你可能會對性器倒胃口的風險！在這個技巧中，你要用所有手指捏緊大陰唇（但不要太用力），讓陰蒂頭夾在肉中間。你會發現，依照伴侶的陰毛長度，加上歪著頭看，有點像正在微笑的大鬍子。就位後，你就可以輕輕地上下間歇移動。

整體會因此刺激陰蒂，不過是以較間接的方式。重點是當伴侶用帶點虐待狂的眼神看你，把你當成*&%#@對待時，這樣超級令人興奮的！對吧……

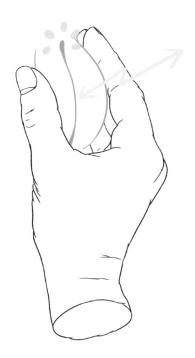

在浴缸裡

你們一起泡澡，你的手正在游移，不過水很惱人，因為水總是會讓愛液流失，整體因此不夠潤滑。在這麼棒的時刻中斷未免太可惜了，像圖示那樣擺好手勢，然後讓食指和中指呈圓弧移動，輕輕摩擦陰蒂。這個動作會帶動水，引起輕柔水流，在你的手指經過之後會按摩陰蒂。是不是很棒？

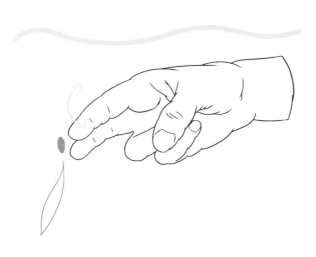

別錯過情趣用品

我不習慣讚美情趣用品的好處，不過我必須告訴你一個人人都在議論的新玩具，因為到現在我的小妹妹都還在為了試過這個玩具而歡喜得淚流滿面。你知道嗎，我曾經憂鬱了一整年，而我那該死的陰蒂就這樣離我而去，還順便帶走自慰的渴望和所有相關的感受。然後我試用了這個玩具。如果你不認識這個玩具，它有點像陰蒂的吸引器。它會讓陰蒂顫抖，雖然這麼形容，不過我實在找不到更好的比喻了。

我把肥厚的吸盤放在了無生氣的陰蒂上，然後，才幾分鐘，事情就解決了……太棒了，我像青少年一樣高潮了！玩具的吸力引起的感受和一般的自慰很不一樣，我想這有點像被吸老二吧。

P.S.：過度使用這款美好機器帶來的震動，可能會導致陰蒂不敏感，因此別玩的太過火，小色鬼們！此產品有各種不同價位，而且真的值回票價。

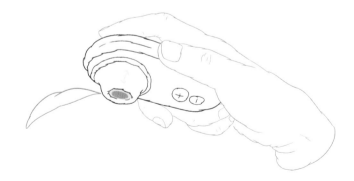

打敗天下無敵手的情趣用品……

……還有這一款。它的震動和一般跳蛋完全不能相提並論，震動又低又重，而且遍佈全身又不會讓陰蒂麻痺。我選擇插電款式，馬力更強大。而且還能按摩背部呢！（而且這才是原本的用途。）

注意不要玩過頭，否則你可能不會再喜歡其他類型的高潮（這點所有的情趣用品皆適用）。

頭對頭

用天然的龜頭刺激陰蒂頭，效果更溫和，更有感覺。超爽der！

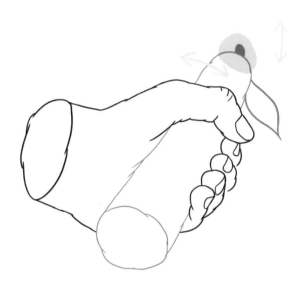

你在搔我的陰蒂體嗎？

陰蒂體連接著陰蒂頭，會隨著觸摸敏感而脹大。這個嘛，有人很喜歡被摸陰蒂體！有些人則覺得很無聊⋯⋯總之一如往常，溝通才是王道。

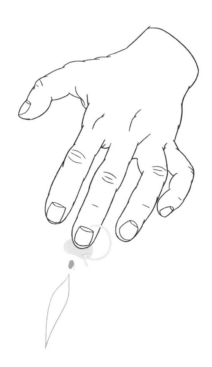

輕輕、輕輕、輕輕的……

這個技巧，我要求你運動一下你的舌頭。左右動舌頭，但是不舔到陰蒂頭。這是讓他／她心癢難耐的好方法……

震動+陰蒂體=爽

購買跳蛋有時候很令人失望,因為我們想要直接放在陰蒂頭上,快速得到高潮。風險是,某些人的陰蒂頭很快便會失去敏感度,最後什麼感覺也沒有。不過別擔心,你的購買並非徒勞,陰蒂體會證明給你看的!

我的媽呀，太美了！

感覺被盯著看，並且等待某些事情發生，實在太棒了⋯⋯如此可以讓人願意花時間，讓情慾高漲，並且更加認識伴侶的性器官。輕輕打開對方的大陰唇，看看小陰唇是如何張開，聞聞看氣味，再打開一點，見機行事⋯⋯

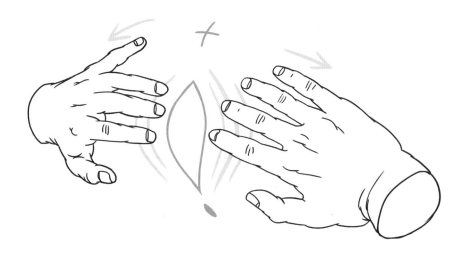

少許溫柔

這麼做絕對不會弄痛人。將你的手（最好熱熱的）輕輕放在對方的陰部上。這個手勢的意思是：「我很珍視你的性器官，我尊重你，你可以信任我。」就這樣放著，不需要動。然後，如果你感覺對方有點無聊，就可以接著用手製造超級震動。

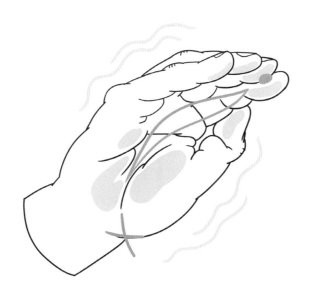

情色按摩

不需要觸碰性器官，也能讓對方興奮。這種按摩非常簡單，可以讓慾望不斷升溫，但是必須要懂得花時間。

跪在對方的大腿之間。雙手輪流（交叉）愛撫大陰唇（或鼠蹊部）直到下腹部。

若是對方的性器在你的手經過時會自然打開，我可以向你保證，這絕對是最令人興奮的事……

好啦，現在你只要等著小妹妹哀求你碰「那裡」了。

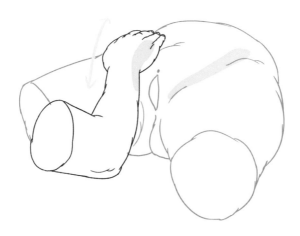

海之口交

天氣很熱嗎？不熱嗎？隨便啦！無論什麼季節，海之口交絕對是無上的體驗！

很簡單：從冰箱拿出一瓶氣泡水，喝一口，含在嘴巴裡，然後在小妹妹上方細細流出。然後不要等，像吃生蠔那樣吸他／她的小陰唇。這些癢絲絲的小氣泡和沿著陰部流淌的水痕，實在太刺激了！

咕嘟、咕嘟

這個超簡單的動作，可以讓小妹妹完全為之瘋狂。

在圈內我們稱之為「咕嘟、咕嘟」，原因很單純，如果你仔細聽，就會聽見這個聲音。

用一根或兩根手指，在陰蒂頭和陰道口之間來回移動。注意不要直接進入，並且在來回過程中用手指將愛液抹開。

這個實在太讚了，尤其是時間拉長，手指終於進入陰道的時候……

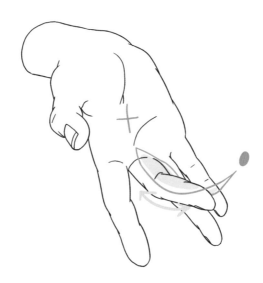

不要立刻就弄濕你的手指

先進入「門口」，因為天然潤滑液通常是最好的潤滑液。同時也因為
太濕可能會讓人覺得不舒服。

讓舌頭休息

口交的時候，變換姿勢非常重要，以免受刺激的部位麻痺了。變換姿勢可
以讓你的舌頭和下巴休息，同時又能繼續為小妹妹帶來快感。很簡單：吸
住小陰唇，就這樣。

不過我也建議你確認對方的臉部表情，以免他／她不喜歡被吸小陰唇，不
無可能。

綜合水果

如果你還沒用過水果自慰，那我一定建議你嘗試這個新體驗。最棒的就是剛從冰箱取出、冰冰涼涼的（當季有機）油桃或桃子。

咬一口，然後用果肉按摩自己。你的伴侶一定會因為香甜的滋味想要好好舔你……

小提醒：如果你的陰部才剛長過黴菌，就別這麼做。（也許你會對某些水果過敏，所以事前可能要少量測試。）

陰部按摩

將手指放在對方的大陰唇上，輕輕打開，使小陰唇分開，露出陰道口。現在畫小圓圈按摩他／她。這個動作令人彷彿置身天堂。

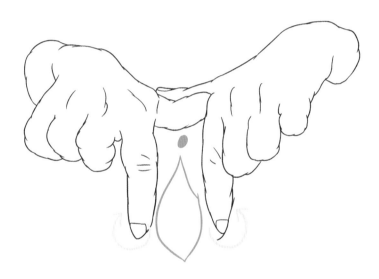

蛇

打開小妹妹的大陰唇，用舌頭在其上蛇行。慢慢來⋯⋯對，就是這樣⋯⋯

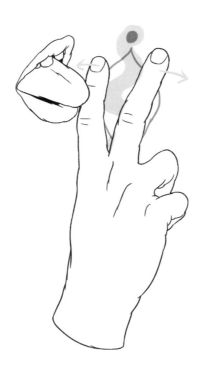

你就是最優質的震動器

把你的手掌下部放在陰部下方，輕輕施壓，然後釋放你內心的震動魂吧！
嗡嗡嗡！

挫折感很棒

你知道什麼比插入小妹妹更令人銷魂嗎？那就是讓對方以為你正要插入。

你的手指在對方的前庭（尿道口和陰道口一帶）游走，就像什麼事都沒發生。當小妹妹充分濕潤後，你就假裝：「好，我要進去囉！」

其實不然！這時候小妹妹就會氣得要死，因為你每次都這樣擺他／她一道！

你們會笑個不停，不過挫折感有時候會引起非常強烈的慾望反應，因此唯有在他／她哀求不已的時候才插入。你這個欺負人的小壞蛋！

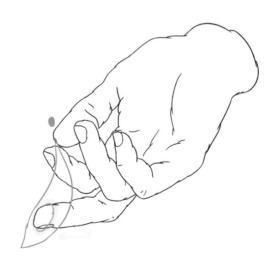

舌頭求求你

深入舌頭，拜託！

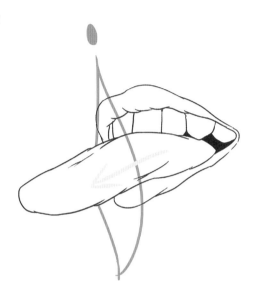

鼻子求求你

放進鼻子，老天爺！

轉啊轉啊轉

用手來回轉圈圈……時而在上，時而在下。如果你問我，一隻手指頭就夠了。

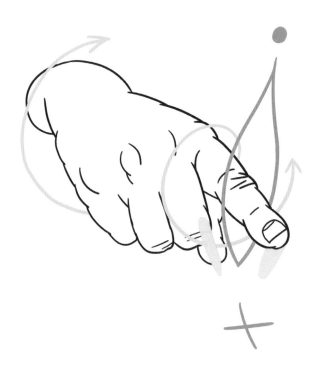

重頭戲

一旦小妹妹充分打開後，這個姿勢非常實用。在最後才用這一招更棒，因為可以稍微放鬆陰道口，你應該知道我的意思吧……

先溫柔地伸進手指。進入內部後，重點在於輕輕分開雙手，呈V字形。但是注意，可別太用力拉扯啊！我們剛剛說過，要很溫柔！

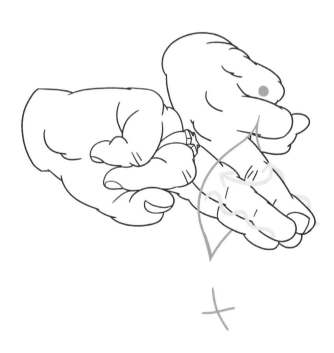

和我一起數數

這個動作很有意思，我會要求你按照步驟慢慢來。重點在於一邊照顧他／她，一邊觀察和溝通。因為我必須說，在性行為中對話非常令人興奮。能夠感覺到我們訊息的情人，可是無價的。

首先用一隻手指，進行正常的指交，看著對方，注意他／她的動作。對方是否已經夠濕了？他／她看起來很享受嗎？他／她身體往後，是否代表我應該更輕一點？對方抬高骨盆了，他／她一定很喜歡吧……等等。

當你感覺對方準備好了，告訴他／她妳要放入第二隻手指。詢問他／她感覺如何，是否喜歡……

如果你做得很好，應該會感覺到對方的陰道隨著你的進出，逐漸能夠更加深入。

詢問對方：「我可以放進第三隻手指嗎？」

然後以此類推……四隻手指、五隻手指、六隻、七隻手指……我開玩笑的啦！我們也只能放五隻手指。總之，你們想做什麼就做吧，畢竟我不是你媽媽。

專業級

這個動作是專業級的，應該能為小妹妹帶來無上的快感。雙手手背相對，輕輕摩擦，就像正在洗手的蒼蠅。記得這個動作要在小妹妹已經稍微擴張時才能做。

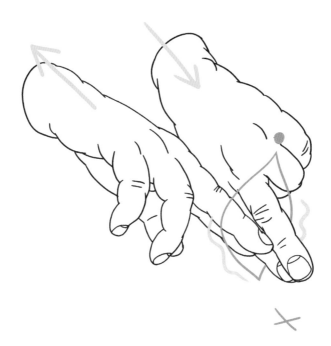

高潮後的插入

我的老天爺呀！高潮後的插入……說穿了，就是刺激陰蒂頭達到高潮，或是等待他／她自己來……然後，碰！不要等高潮退去，直接插入！（當然，要經過對方同意……）

小妹妹達到高潮時，陰蒂會充血膨脹，就像高潮時的陰莖。陰道口旁邊的前庭球會因此漲大，變得更敏感，陰道也會感覺緊縮。這是全世界票選最銷魂的感覺。當然，用假陽具也行得通。

事後要尿尿！

記得事後一定要尿尿，以便清潔藏在尿道口的細菌，避免尿道感染。

二合一

將假陽具插入小妹妹，接著你也插入。容我強調，兩者皆在陰道裡。當然，不要在做愛一開始就這麼做。

注意：非常不建議入門者嘗試這個技巧，你們在那之前還有無數事物待發掘呢。

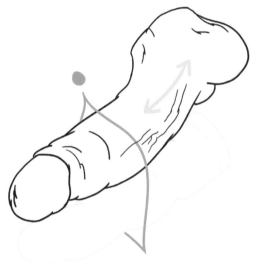

再往上一點！

手指指交的時候，用手掌輕拍陰蒂頭。

如果你想抬高小妹妹，記得有時候可以往上提。

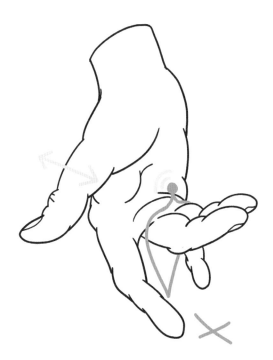

抽根菸吧

將你的手做出彷彿夾著香菸的姿勢,然後手指用力做出「來這裡」的手勢。大拇指則輕輕愛撫陰蒂頭。

這個動作最令人舒服的,在於兩個區域同時受到刺激。對小妹妹來說有可能刺激過度,因此一定要察顏觀色,確定他/她很享受這一刻。

插入固然很棒，但是……

插入對絕大多數擁有陰部的人而言並不能引起高潮。容我重申，而且重複多少遍都不嫌多。當然啦，陰蒂跨在陰道口之上，在插入時能引起極大快感。可是說到高潮，陰蒂似乎才是王中之王。

有幸能夠光靠插入就得到高潮的人，實在少之又少。因此如果你覺得自己有問題，因為你從來沒有靠插入得到高潮，也許是因為此現象再正常不過。而且插入時何妨摸摸陰蒂呢……幫助非常大呢。我說的沒錯吧？

過來這裡！

勾起你的手指，模仿「過來這裡」的手勢。

注意，有許多區域能夠引起快感，G點並不是魔術按鈕，要是只專注在G點，就像天天吃肥肝一樣膩人！

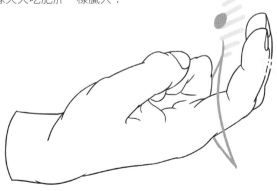

打開閘門！

你想要知道引發女性潮吹的技巧嗎？就讓我來指點你一個在多人身上屢試不爽的技巧吧。

我要老實說，這麼做相當費勁，而且你的前臂在這趟美好的體驗中可能會瘦到報廢，不過真的值得一試。

首先，勾起食指和中指。你的手指和拳頭固定不動，前臂垂直移動。手指輕扣下腹部內側，就在恥丘之上，另一隻手就放在該處加壓。節奏要相當快，希望你的手臂很有力。

而你，小妹妹，要成為潮吹的泉源，重要的是必須對自己的身體感到自在，懂得放鬆和變得超級情慾高漲！想要尿尿的感覺很可能是你的身體準備潮吹的徵兆，現在讓潮吹的念頭充滿腦袋即可。你也可以推會陰，對某些人很有幫助。

P.S.：潮吹當然不是一門精確的科學，因為每個人都不一樣，因此好心一點，如果你失敗了，可別因此批判我。

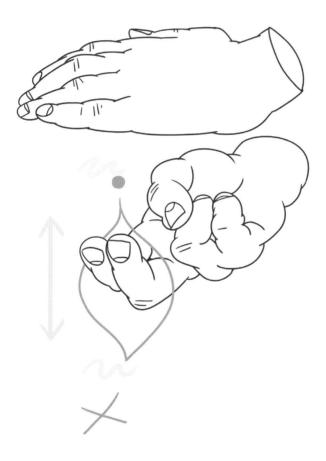

不受打擾的潮吹

你不希望藉由他人之手潮吹嗎？我知道怎麼做！

拿出你心愛的假陽具，整根塞進去。訣竅在於讓假陽具翹起來，碰到陰道上方距離膀胱不遠處。

你可以同時用力推會陰，這對某些人很有用。

我們每個人都不盡相同，如果無法潮吹也無須擔心，這是需要練習和放鬆的。

水流如注！

這個區域較粗糙區域溫和，位在恥骨聯合更上方。此外，當你將手指放在此處，另一隻手放在伴侶的下腹部時，你會感覺到手指在體內移動。

感覺和刺激粗糙區域非常相似，因為這裡也是尿道所經之處，只不過手指更靠近膀胱。因此如果你感覺想尿尿，很正常，你可能就在潮吹點上。

看起來困難，實際上超簡單

讓伴侶趴著或是呈四足跪姿。首先正常地放入手指。放進體內後，勾起手指，用前臂的力量，彷彿試圖抬起伴侶。在你「抬起」伴侶的同時，做小幅度的垂直動作。放鬆，然後繼續……你會感覺到光滑細緻的內壁，此處是陰道和直腸的分隔，從這裡就能找到陰道下方區域。

詢問伴侶，了解他／她是否希望妳更用力，或是輕一點。

這個感覺和一般的插入完全不同，藉助調整姿勢或運用假陽具能幫助刺激這裡。

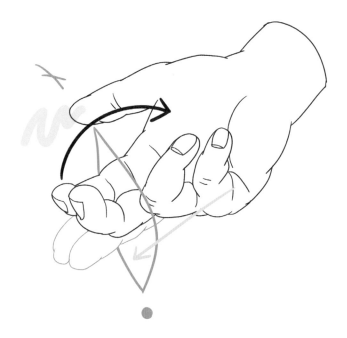

雙管齊下

兩隻手指放進陰道，一隻放進肛門*。手部保持不動，只有前臂移動。聽得懂嗎？

感覺超棒的……

*注意探入肛門前，需足夠潤滑。

虎克船長

在這個姿勢中，讓伴侶仰臥，你的手指勾起。放進手指至第一個指節，並在分隔陰道和直腸的細滑內壁處做出震動的動作。

這個感覺超棒，光用想的我就要喜極而泣了。

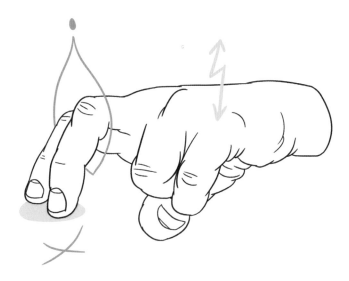

轉動鑰匙

想像你的手指是某種鑰匙，你只能動手腕，打開一扇柔軟潮濕的門。你會刺激到讓人大叫「我的天呀」的陰道下側，以及「哇嗚嗚」的兩側。

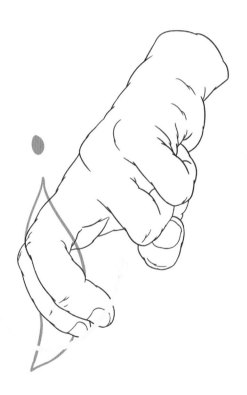

熟練的藝術

這個動作有一點棘手，不過你會成功的。讓伴侶仰臥，你面對他／她。兩隻手的手背相對，手指呈勾狀，以便輪流摩擦陰道上下內壁。這個動作真是太神奇了……

P.S.：下面的十字是肛門。

你，給我過來

子宮頸位在陰道深處，觸感是柔軟的圓頂，無法插入。只有經血和胎兒能從那裡出來。

此處也是你可以刺激的快感區域：放入四隻手指，模仿「你給我過來」的手勢。

這個動作對某些人來說可能會造成疼痛，因此不可長驅直入，記得傾聽對方的身體。

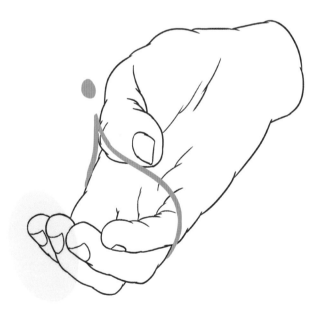

陰道穹

在子宮頸圓頂周圍是更深的部分，稱之為「陰道穹」。你可以稍微轉動手指，並做些溫和動作交替，以變化快感。

這個動作對某些人而言可能會造成疼痛，因此動作要輕柔，並且傾聽與觀察對方的身體。

會陰

這個技巧中,將大拇指放在陰道裡,食指則放在肛門口。捏起兩隻手指,但是食指不可插入肛門。動作很簡單:想像你要吸引一隻流浪貓……喵喵喵,小貓咪!

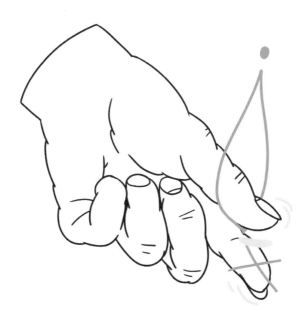

可別冷落會陰

因此逗弄一下該處。這裡就是陰道的起點，手指呈勾狀放入陰道，你會感覺到一個小球，那就是肛門的背面。噗啾、噗啾！

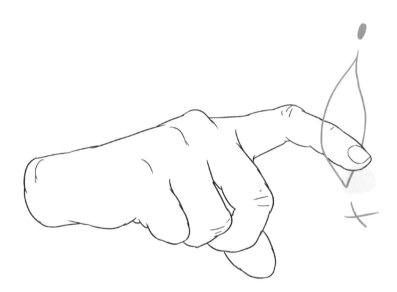

肛門到前庭

舌頭在肛門到前庭（包含陰道口和尿道口的區域）一帶遊走。舌頭來回舔動，最後來個香吻。

小建議：請使用牙齒障實行這個動作，因為即使肛門很乾淨，仍帶有陰道無法消受的髒東西。

除非我搞錯，否則人人都有肛門，因此我將其餘相關建議放在「不分性別」段落（請見225頁）。

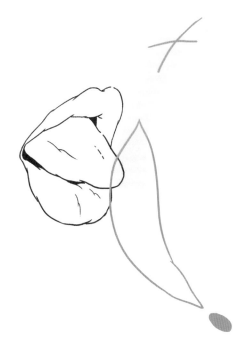

前面和後面

食指放進肛門，其他手指放進陰道，整隻手前前後後動……很簡單吧！

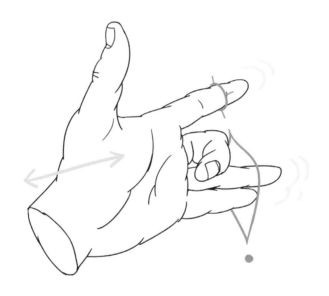

老天爺，肛交之後不可以插入陰道！

除非你真的很想感染一大堆細菌……

為了降低風險，你可以事先清洗肛門，並且在換一個洞之前，讓伴侶
清洗陰莖／假陽具或者更換保險套。

最深之處

小妹妹去旁邊給我跪好，現在沒妳的事了。

接下來，讓我們將手指插進肛門最深處（記得充分潤滑）。你的手指必須碰到分隔直腸和陰道的光滑細緻內壁。這個動作簡單但要有力：想像你的前臂癲癇發作。

我可以向你保證，感受實在太美妙了……

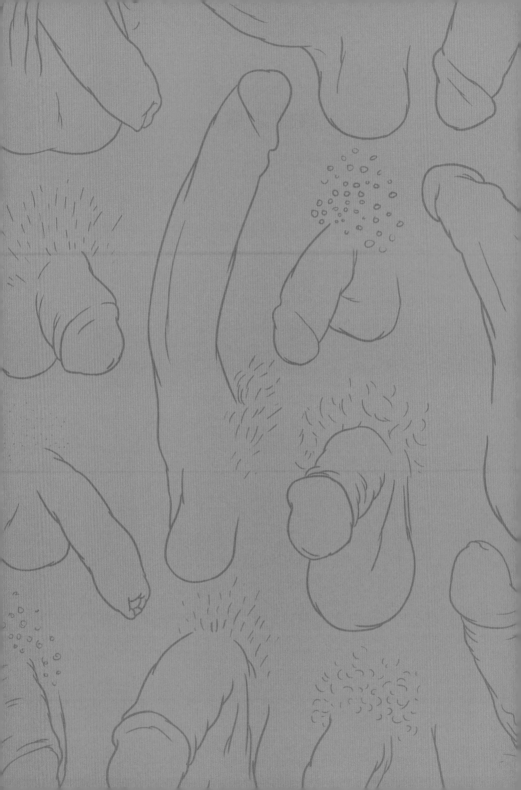

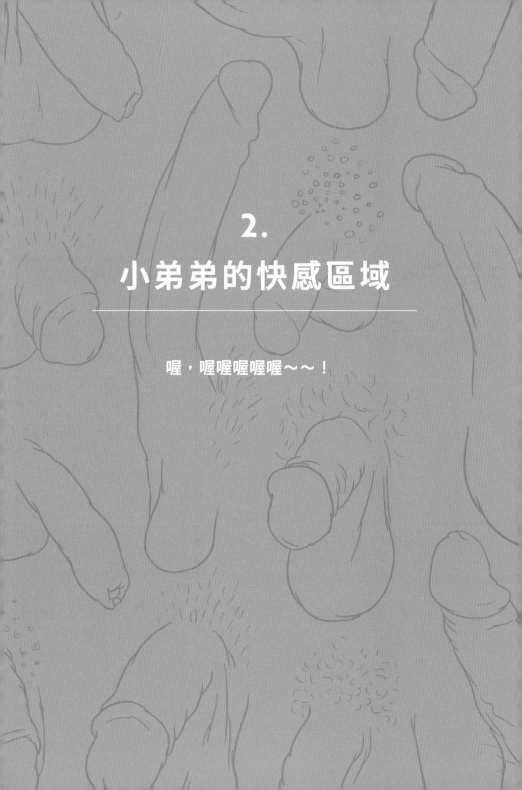

2.
小弟弟的快感區域

喔，喔喔喔喔喔～～！

不不不，陰莖可不只是用來打磨的單純棒子，它複雜多了，而且非常細膩，偶爾也要想起這一點。如果仔細觀察，就會發現陰莖的快感區域和陰道的主人（幾乎）完全一樣！以下列出的10個區域，每次都能觀察到不同的感受，也許在你身上有更多敏感帶，或者較少，這點只有你知道。如果你覺得自己某些部位不特別敏感，別擔心。好處是，隨著人生經歷和年齡，喜好和感受也會改變，有時候不妨重新嘗試過去無法說服你的體驗。心中存疑嗎？錯過全新的快感多可惜啊！

陰莖和周圍的10個快感區域

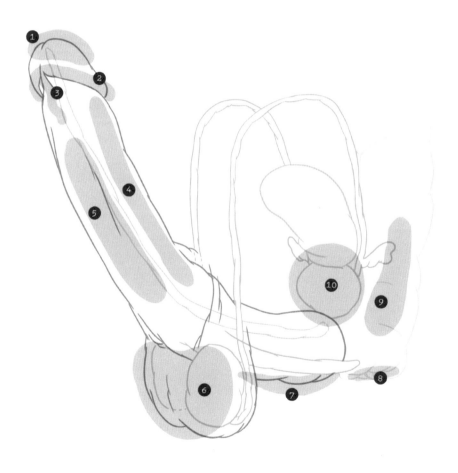

❶ 龜頭 （外部刺激）

此處為快感之冠，是陰蒂頭的對應。它喜歡騎馬散步、當代藝術，還有迪克·瑞維（Dick Rivers）。不過它更喜歡舌吻。

❷ 龜頭冠 （外部刺激）

敏感又飽滿的小圈圈。它喜歡被各種洞口包緊。

❸ 龜頭繫帶 （外部刺激）

此處脆弱又纖細，它不喜歡被用力拉扯。

❹ 陰莖海綿體 （外部刺激）

觸感較海綿體紮實。敏感度因人而異。

❺ 海綿體 （外部刺激）

可能是陰莖最敏感的部分。也可以當作壓力球使用，但記得一定要輕柔。

❻ 睪丸 （外部刺激）

它們喜歡被關愛。

❼ 會陰 （外部刺激）

位於陰囊和肛門之間。若在該處施壓，血液會流往龜頭，造成間接刺激。此處引起的快感無疑等於在前庭球上加壓。不過因為你沒有小妹妹，你沒辦法確認。反之我也沒辦法確認你的感覺……

❽ 肛門 （外部刺激）

不論性別，肛交都是可嘗試的選項之一。

❾ 直腸 （內部刺激）

進行肛交記得要使用水性或矽性潤滑液。

❿ 前列腺 （內部刺激）

只需一隻手指就能達到。尋找栗子尺寸的小球就對了。

刺激這個區域和其周遭可能會引起極強烈的高潮，而且和陰莖高潮非常不同。據某個我不能說出名字的朋友還因此暫時無法走路，而且我覺得傑瑞米應該不會說謊。

這些都是要告訴你，如果你有點好奇，那何妨一試呢？

老二實戰

讓我爽翻天

雙手打手槍

用兩隻手打手槍讓所有人都為之瘋狂，因為這個姿勢非常舒服，而且對打手槍的人而言亦然。

讓伴侶平躺，你則跪在他／她的大腿之間。首先，些許潤滑，並用兩隻手握住包圍陰莖，如圖示。接著上下來回移動，同時用大拇指輕壓龜頭繫帶，往上的時候滑到龜頭。

你再告訴我感想吧！

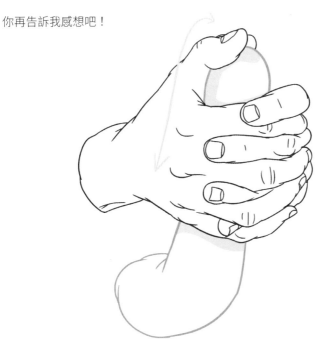

愛的牙齒

實際上不可以用牙齒摩擦，而是要在龜頭上輕輕施壓。要非常輕，相信我。

動作要輕柔，別忘了龜頭畢竟是非常敏感的部位。

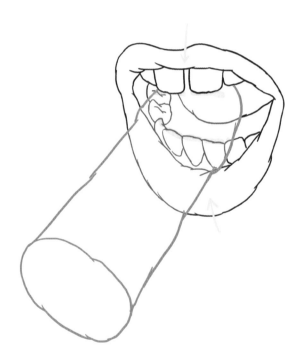

打檔

打手槍很棒,專業級打手槍更棒。

打手槍的時候,你可以偶爾往上,用整個手掌包住龜頭畫圓,彷彿你是調酒師,而你正在擦一支老二造型的杯子。動作輕柔,充分潤滑,現在你可以回到打手槍的動作了……

噗、噗嚕、耶

OK，你的伴侶希望你在幫他／她口交的時候，嘴巴能夠發出一點聲音。我為此幫你測試了不少技巧，為了盡可能製造聲響，有時候很荒謬。我用過放屁盒幫男伴打手槍，甚至把老二當做麥克風。不過我失敗了。

然後我記得我很喜歡用某種特別的方式吸卡利波冰棍（Calippo）。我解釋給你聽，但是可別笑我啊！

我先將冰棍放進嘴巴，就像吸香蕉（沒錯，這很正常！）然後頭往上拉出冰棍，同時用力吸住，拉出嘴巴的時候就會發出「啵」的聲音。這樣不僅可以發出聲響，而且我的「冰棍」似乎很享受這種全新的吸吮感呢！

牽絲

不需要深喉嚨也能讓有雞雞的人愛死口交。有時候，只要懂得用唾液玩把戲就足夠：吐口水、看著口水流淌⋯⋯再度吞入陰莖，然後看著他／她的眼睛，同時拉出一條牽絲的口水⋯⋯

以下是這個把戲的一點小建議：避免事前食用乾巴巴的餅乾、紙箱或是沙子。最好喝一點汽水，創造些許黏搭搭的感覺！或是來杯熱飲，啟動唾腺。

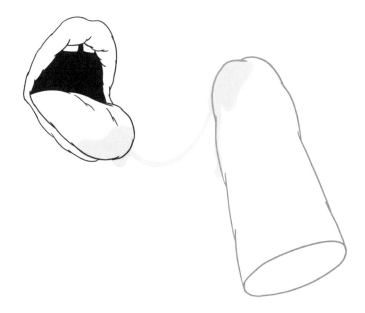

下巴痠嗎？

利用這個簡單又溫和的姿勢，就能休息片刻，同時又可以繼續讓老二舒舒服服。這個技巧可以使用在口交前、口交後，甚至你決定根本不要吸老二時也能使用……

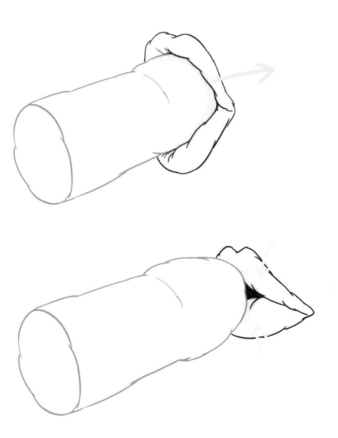

龜頭按摩

誰不喜歡頭部按摩呢？任誰都覺得龜頭和頭部很相似吧？

好，就以這個原則為出發點，我們大可以認為人人都喜歡龜頭按摩。想像你的手是頭部按摩器，上下來回移動。保證很放鬆……

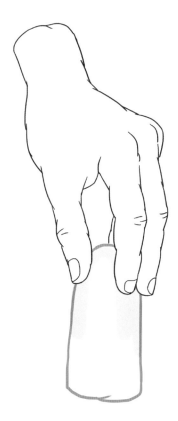

輕柔地來回移動

陰莖也喜歡被溫柔對待，因此，將你的手指放在龜頭周圍，彷彿你正拿著一朵玫瑰花，想要輕撫其花瓣。沒錯，就是這樣，現在輕輕地來回移動。你的手掌也會同時輕磨陰莖。

專業音響師

深喉嚨固然很令人銷魂，不過並非人人都能辦到。首先你必須有辦法吞得夠深。不過一旦成功了，務必試試發出聲音，什麼聲音都可以。重點在於讓喉嚨深處震動，因此能搔動老二的龜頭。加油！

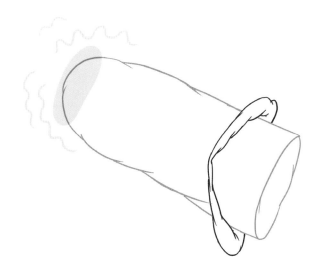

變速

將手掌沿著龜頭往上撫摸，同時摩擦龜頭繫帶，接著包覆整著龜頭，有點像將手放在手排汽車的打檔器上。個人而言，我偏好自排車，比較便利，尤其是在尖峰時間走走停停、前進停止……不過這和我們的主題沒有太大關係。

回到手勢1，以此類推……

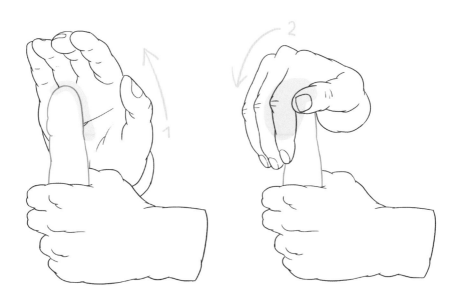

可愛的龜頭冠

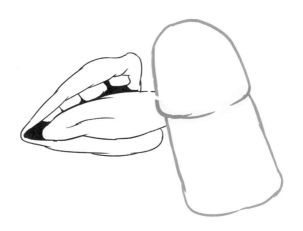

有一些技巧能讓下巴休息，又不必中斷玩樂。奉獻自我可不是輕鬆事，OK？圖示還算清楚明白，因此我就不多費力氣向你解釋啦！

衝向龜頭冠

好的口交，就是在該溫柔的時候溫柔。把老二吸到見血也無濟於事，同意嗎？因此在這個技巧中，我要你照顧他／她的龜頭到龜頭冠，節奏由你決定，並且使用你覺得最適合的力道。我能告訴你的，就是龜頭冠很喜歡受到關愛。

角度的問題

要將好口交的機率最大化,你可以將陰莖往下拉,使其與下腹部呈直角。這麼做可以加強快感,此外如果你想要直視對方雙眼也方便多了。

如果不用雙手就能辦到,你可以直接跳到專業級了。總之,這個技巧非常受歡迎。

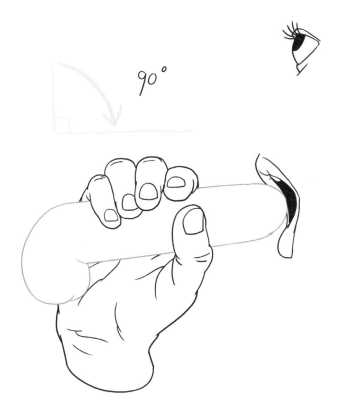

出色口交的祕密

好的口交沒有祕笈，也沒有唯一方法，不過還是有幾條需要陰莖同意的規則……

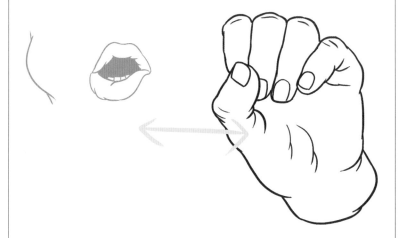

1. 讓情慾逐漸升高。對方勃起並不代表他／她已經準備好進階的口部按摩。挑逗陰莖周圍，找到對方的性感帶，直視對方雙眼，假裝要接近他／她的性器官。拉開距離的同時，看到對方眼中的失落，實在太有趣了。

2. 別猶豫使用大量潤滑。在陰莖上吐口水*，任由唾液流下，將陰莖從口中拿出，同時拉出一條牽絲的唾液連結你們，記得要直視對方雙眼。

*口水含大量細菌，以衛生角度可使用專業口交液，其潤滑效果更好。

3. 注意牙齒，並且不要用力拉扯龜頭繫帶（如果他／她有繫帶的話）。最好的方法，就是在關係一開始請對方引導你，因為你不一定能預期不同陰莖的反應，而且陰莖還有各種狀況，譬如割禮、敏感的龜頭繫帶或不敏感的陰莖。

4. 發揮創意。吸吮和打手槍的方式有千百種。首先，注意要稍微打破動作的節奏。你可以舔舐、塞滿口中、用力吸、吐口水、輕咬、按摩會陰、將一隻手指放入肛門、調整手部緊握的力道、在龜頭冠的地方來回遊走，或是以非慣用手打手槍、玩弄蛋蛋、舔逗龜頭繫帶順便讓下巴休息、舔他／她的會陰、肛門，吸住龜頭或蛋蛋……

5. 讓他／她知道你也享受其中。如果你真心這麼認為，那就大方讚美對方的性器、體味、味道……不要猶豫發出呻吟，彷彿你正在品嘗這輩子最美味的冰淇淋：「嗯嗯嗯嗯！這支甜筒好美味呀！！！」

6. 我的老天爺，拜託你們溝通！如果你花點時間問問他／她是否喜歡，這比那些落落長的建議還要有效。

7. 最後，對於跨性別女（還有雙語人士），有一本非常棒的小誌叫做《Fucking trans Women》，由Mira Bellwether發行。這本小誌有法文版，不過要找到這些珍藏絕版書可不太容易。

深喉嚨教戰守則

我們可不是開玩笑的，讓我和你談談深喉嚨吧！

首先，做這件事的時候要心存敬意！有些人覺得這是表現支配權的方式，但除非你們在玩SM，不然可別像個混蛋一樣強迫對方。而且有些人對支配有不同見解，他／她們認為吸屌的人才是真正的支配者！你沒看錯，別少見多怪啦！

無論如何，都必須安排好一個姿勢，讓吸陰莖的人可以隨時喊停。

先從準備緊急毛巾。最後你就會知道原因。深喉嚨也可以跪著做，不過可能會難以進入喉嚨，因而造成疼痛。

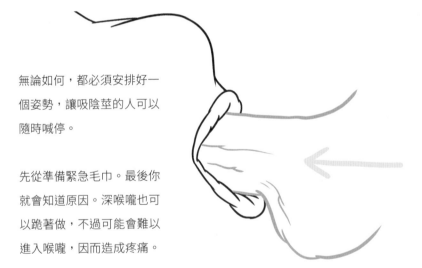

因此我推薦下列方法：請你的伴侶仰臥，頭超出床邊。確認他／她的頸部到嘴巴呈一直線。這個姿勢有助於插入。

進入深處後,你應該會在龜頭周圍感覺到緊縮感,這表示你必須趕快抽出來,因為你的伴侶不能呼吸了。

啊!而且在抽出的時候,他/她很可能會吐在你的老二上,這就是快感背後要承擔的風險……快拿出毛巾吧!

專注在龜頭繫帶

龜頭繫帶是需要溫柔以待的脆弱小東西,此處也是不能忽略的性感帶。當然敏感度因不同陰莖而異,不過輕柔地舔舐這個部位總是非常舒服的。

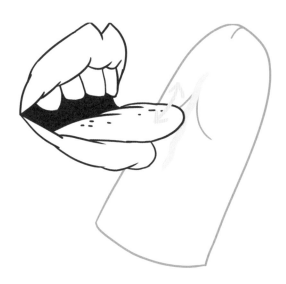

棒打舌頭

去他的溫良恭儉讓，這裡我要你再也凍未條！用他／她的龜頭拍打你的舌頭，龜頭繫帶會因此被甩動。

我們要放慢節奏嗎？對，溫柔點，拜託你嘛～

小心陰莖的龜頭繫帶

沒錯，因為陰莖很脆弱。第一次讓別人打手槍總是有點緊張，害怕過度拉扯龜頭繫帶。而且這個情況很常發生……

最好的方法，當然就是剛開始慢慢來，並且溝通以調整你的手勢。因此注意可別拉著所有皮膚用力往下扯。如果對方希望你握緊一點，他／她會讓你知道的。

而且還要足夠滑溜，因此搭配少許潤滑液／唾液絕對更好。

慢慢來

要放慢節奏嗎？來，再來點，超美味！

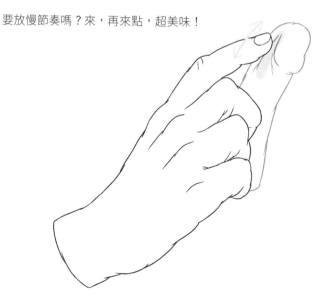

順勢上下

這個建議不適用於受過割禮的陰莖。其實也不是不行，但是並非最建議的技巧。先用一隻手徹底潤滑伴侶的陰莖，小心地將包皮往下拉露出整個龜頭，然後你的手停在陰莖根部睪丸上方處。

用另一隻手（也充分潤滑），從陰莖根部到龜頭上下來回移動。你可以變換速度、旋轉、偶爾在陰莖上吐口水……

這麼做和帶著包皮上下移動的打手槍很不一樣，體驗過的人都跟我說感覺超棒。

立正站好

如果你懶得用整隻手，可以用兩隻手指圈緊陰莖，上下來回移動，同時稍微轉動手腕。而且這麼做還能讓你看起來更優雅……

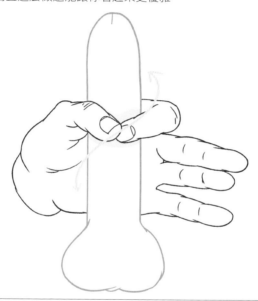

嘿，我說真的，
如果硬不起來也不用道歉。

當然不需要道歉，大家都會發生這種狀況，沒關係的。不過你還是可以逗弄你的伴侶，直到重新勃起，或仍然沒有勃起。大家不是常說，施比受更有福嗎？讓我提醒你，插入之於優質性行為並非必要。快拋開這個想法吧！

左右開弓、上下齊手

著手進行這項按摩之前，務必記得充分潤滑。兩隻手輪流進攻。右手往下滑，左手立刻緊接在後，以此類推……總之，想像你正在用雙手輪流戴上保險套就對了。

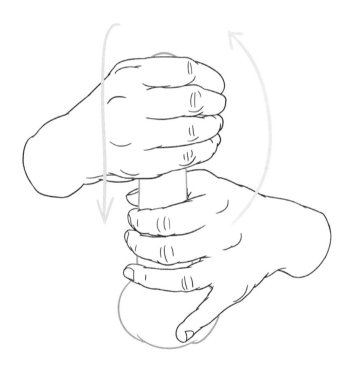

馬達轉啊轉

以下是非常正常的打手槍方式，只不過動作點綴些許旋轉。轉啊轉啊轉！

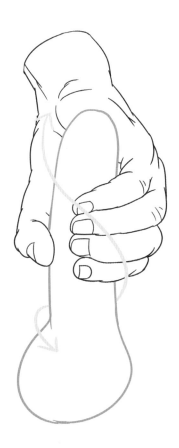

壓力球

伴侶讓你壓力很大嗎？那就用他／她的老二當作壓力球吧。沒錯，你可以依照他／她的喜好，稍微用力（但別真的用盡全力，只需要輕輕的施點壓力）在陰莖上施壓。這個小動作非常舒服，而且對有些人來說，也能幫助重新勃起呢！

足交

扁平足終於也有發光發熱的時刻！

雙腳要乾淨而且不太冰冷，準備進入最正宗的足交吧！雙腿屈起面對伴侶，讓足底相對，按摩他／她的陰莖。請伴侶幫忙握住你的雙腳，讓按摩更輕鬆。記得可搭配上潤滑液避免腳皮的摩擦。

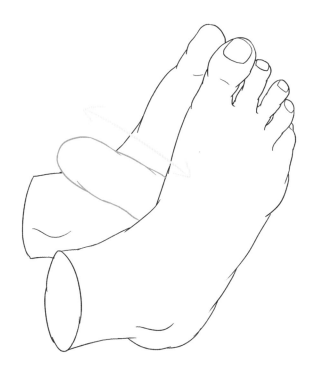

專業級手槍

來個專業級的打手槍吧！這個技巧需要交替暫停和輕柔的動作，以免扯壞他／她的老二。

讓伴侶仰躺，你跨坐在他／她的大腿上。一隻手平放在鼠蹊部，大拇指在會陰處加壓。

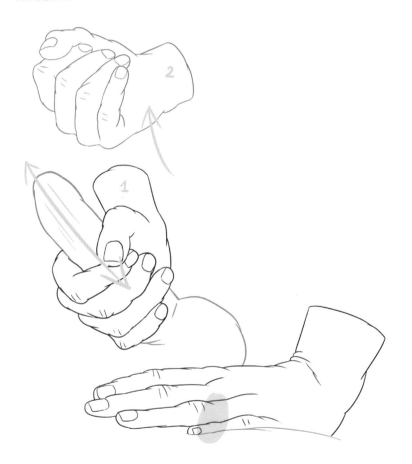

另一隻手則像平常那樣打手槍，甚至非常輕柔緩慢。準備好要加速了嗎？
（左圖1）手緊握陰莖，快速打手槍，彷彿要讓對方射精，必須要能維持此
速度4至5秒。這麼做會讓對方為之瘋狂，當你感覺他／她快要射的時候，
立刻放開握住陰莖的手（左圖2），讓他／她呼吸。靜待對方停止抽動。再
度輕輕碰觸他／她。準備好第二回合了嗎？GO！

乳交

如果你有乳房，而且尺寸可觀，我強烈推薦你嘗試所謂的「乳交」。穿著
胸罩更方便，因為可以空出雙手打橋牌，或是幫忙淋上潤滑劑。

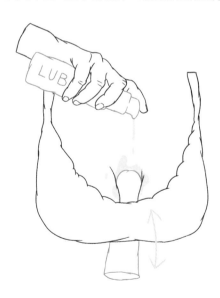

「亞力波非」*風

有些人的睪丸非常敏感。因此在這個技巧中，我們要同時含住兩顆蛋蛋並吸吮，或者一顆一顆輪流吸。

我們也可以輕輕鬆鬆地幫對方稍微打個手槍。

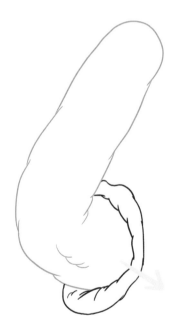

*「亞力波非」（alibofi）是馬賽語中「卵蛋」的意思。

模稜兩可

你可以連接前面的技巧，左右搖晃頭部，同時保持嘴唇緊貼陰莖根部，避免拉扯陰囊。總之，實施這個技巧時，一定要仔細觀察對方的反應，免得對方一臉痛苦的表情。

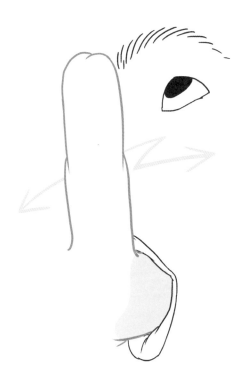

一把抓

如果伴侶喜歡，你可以用整隻手抓住他／她的睪丸，無論對方是否一邊打手槍，你都可以越握越緊。但記得，握住睪丸的手，再怎麼用力也千萬還是要輕柔，還要小心指甲。

我最愛吃蛋蛋了！

那就舔那對睪丸啊，我的老天！盡量使其濕潤，靠著你的臉磨蹭，在上面吐口水。然後重複。

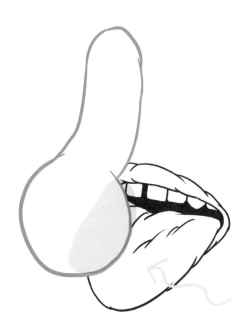

沒人能拒絕這一招

口交時，一定要輕輕按摩他／她的蛋蛋。這招人見人愛，而且雙手不知道該何去何從的時候，這麼做不失為解決之道。

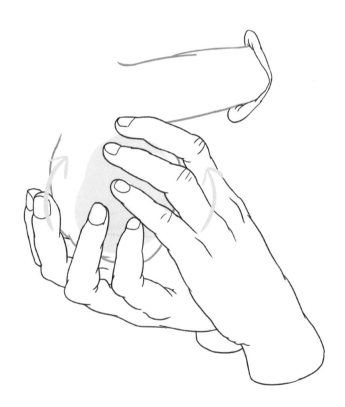

別忽略會陰

許多人不知道這個部位的名稱。會陰太常被忽略了,值得我們多花心思好好對待它。

這個技巧中,我們要用舔舐榮耀它。可以將雙唇靠上會陰部帶一些吸吮,從肛門到陰囊來回舔動,變換舌頭的力道,一定會讓對方愛死你。

全套按摩

如果你的協調不太好，可能沒辦法實現這項按摩。嘿，還是試試看嘛，誰知道呢？

先用一隻手幫老二打手槍，經典技巧即可。另一隻手的食指和中指如圖示打開，在會陰兩側來回按摩，然後往上直到陰囊底部。

這個按摩要溫柔進行並觀察對方表情，但聽說力道要夠大，才能讓對方欲仙欲死。

拳拳到肉

握緊拳頭，用旋轉動作按摩會陰，同時要保持力道一致。就像圖片上那樣來回施力。

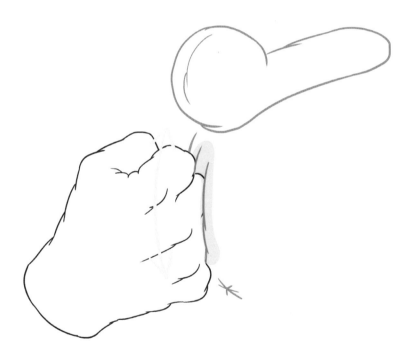

助你一「膝」之力

一隻手忙著照顧陰莖，並用一邊的膝蓋用力頂住會陰。這個姿勢可以搭配少許輕柔的動作。不過要小心，蛋蛋就在附近，所以力道一定要溫柔。

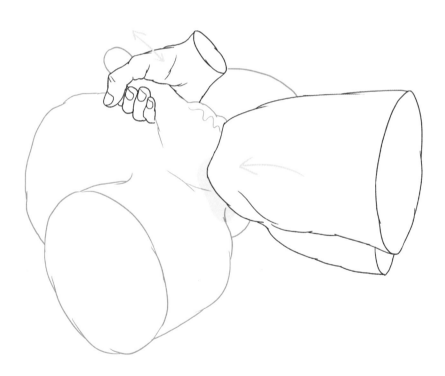

看就知道

我們都同意圖示本身的意思不言而喻了吧？同意。

肛肛好

動作簡單卻很有效：只要將手指放在那個地方，然後震動前臂，同時緊緊壓住那一帶。接著，如果潤滑足夠（最好搭配足夠的潤滑液），何不將手指滑進去呢……試試看吧！

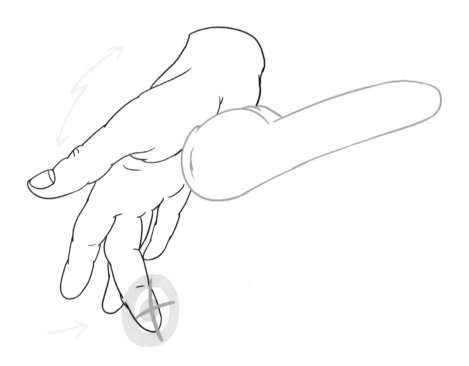

舔肛

真正的內行人就會懂得欣賞這份榮寵，舔肛的人也會樂在其中。

嗡嗡嗡嗡嗡嗡…

跳蛋的震動放鬆肛門的效果和吸入式芳香劑（Poppers）一樣好。

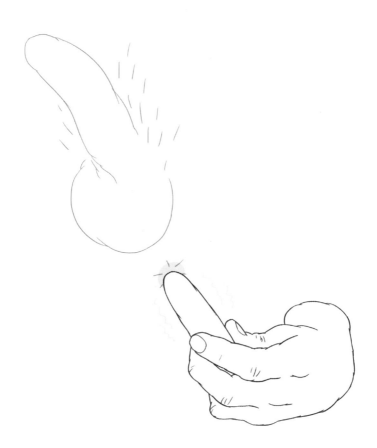

直男也愛肛交，
只是他們
還不知道。

時代在變，男人也在變

許多順性別異性戀男人寫信給我，說他們很希望能夠探索屁屁。身為順性別異性戀女人，這也是一個要度過的難關。不過你們知道有多少女人寫信給我，告訴我她們想要向男朋友提出嘗試要求嗎？所以我們還在等什麼！

一根手指就好，謝謝！

如果將手指插入他／她的屁股，未必會沾到大便。你很可能只會讓對方很舒服，甚至引起他／她的高潮。你沒看錯！

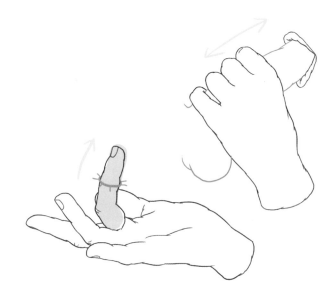

玩玩前列腺

現在我們要進入正題，來聊聊前列腺！

首先，要知道無論你的性向是什麼，都能夠實行此技巧。這個技巧越來越普遍，因為前列腺是強烈的快感來源，刺激該處能夠讓你得得到比「一般」高潮更強烈的感受。我建議你在進行此技巧的時候不要管陰莖，一次專注在一種快感。你當然可以獨自進行，不過兩人一起嘗試舒適方便多了。準備好了嗎？

擺一個舒服的姿勢，先從用少許潤滑劑按摩肛門開始，讓插入更容易。

一旦你感覺肛門準備好被探索，同插圖中的方向慢慢插入手指頭。（手指要指向骨盆前方）。

你的前列腺就在不遠處。重點是不要在其上加壓或按摩它，一開始我建議你單純輕撫即可。在手掌心測試，你會發現輕撫比加壓更舒服，因為會引起一陣顫慄，癢絲絲的。這就是探索之旅開頭所追求的效果。之後就看你了……

P.S. 首度嘗試有時候令人失望，因為需要一點時間才能馴化你的屁股。感謝《論男用按摩棒》（Traité d'Aneros）的作者亞當（這是一本必讀之作）。

肛門之珠

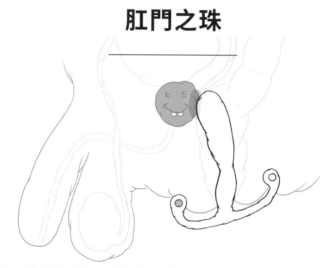

這位滿臉笑容的小傢伙，就是有一天遇到男用按摩棒的你的前列腺。這個小寶貝可能會引起不同凡響的高潮，比你認識的陰莖高潮還要強烈許多。你可以單獨使用，同時縮緊你的骨盆底肌，使其在體內移動。你可以在性交之前／之中／之後放入。甚至可以插著去上班，放在屁股裡面任誰都不會發現的。

前列腺震動器

是時候為全新感受投資一款震動器了。

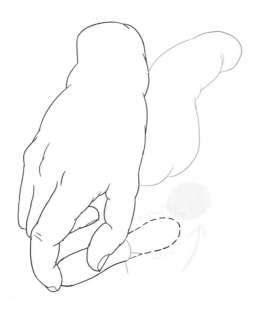

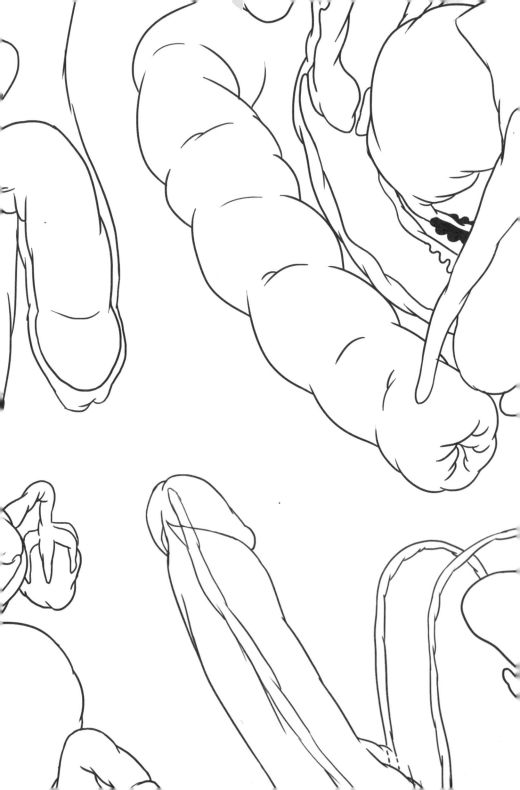

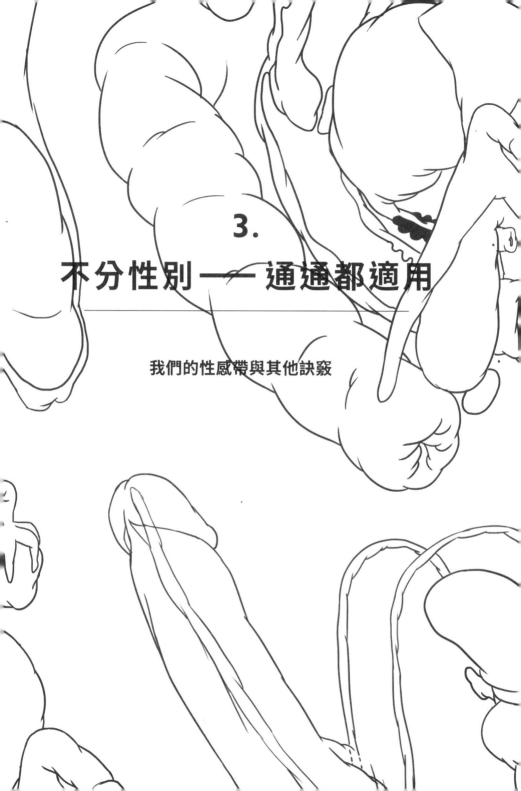

3.

不分性別——通通都適用

我們的性感帶與其他訣竅

由於太興奮想要介紹我最喜歡的挑逗玩弄技巧，我差一點就忘記和你們聊聊性感帶……因為性感帶和直接快感地帶同樣重要，非常值得我們在其上停留片刻。

啾啾啾脖子 ！

頸部和肩膀一帶對我而言非常特別，不過我可不會告訴你們這是我的性感帶（疑？）。試著輕咬對方這裡，令他全身寒毛直豎。一開始輕咬以引起溫和的戰慄感，然後越來越用力，讓這種感受遍佈全身……啊，我的媽，真是太棒了！

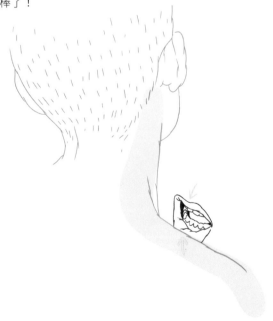

輕撫

胸部旁邊特別敏感，因此在滿手抓住揉捏之前，你可以先用手、羽毛、紙張、夾子等等，輕撫這個部位讓對方全身酥麻。總之手邊有什麼就用什麼，當然啦，可別用砂紙。保證起「雞」皮疙瘩！

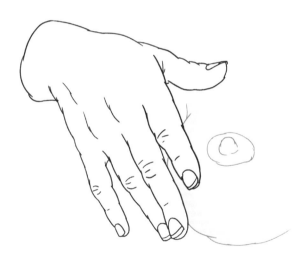

享受和性高潮

人們常問我，「超爽」（jouissance）和「性高潮」（orgasme）之間的差異。除了你在網路上可以找到的簡單答案外，在此我也解釋我對這兩個詞彙的定義。

心理高潮是我們在情境中得到的快感，無論是否與性有關。例如「中樂透」或「把辭呈砸到老闆臉上」，前者我沒碰過，但後者真是爽翻天了。或是在床上，當對方詢問「你爽嗎？」這個問題，我們常常回答：「超爽，可是我還沒高潮，寶貝。」

性交高潮是在絕佳的性行為中達到頂點。當快感到達最大的轟然巨響！那種極致的享受。

注意：性高潮並非兩種性別在性行為中按部就班地達到高潮，而單純地耳鬢廝磨也能讓你雙腳發直全身顫慄。

舔乳頭

男性的乳頭一帶可能極為敏感。有些人「超級」敏感。據說有人光是刺激乳頭就幾乎達到高潮了呢！

想像男性乳頭的位置是兩個陰蒂頭，要給他爽翻天的口交。溫柔地用舌尖輕逗……可以更用力、加速、放輕力道等變換……即使輕咬也沒問題。畢竟這是舔乳頭嘛！

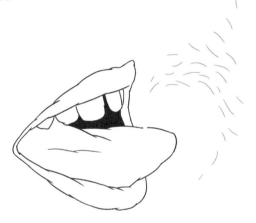

保養乳霜

金盞花可以舒緩性交後疼痛的性器官。乳霜可以在各大藥局購得。插入大戰一番後，可以擦在疼痛的陰道口或陰莖上。對於哺乳造成的龜裂也非常有效。

火熱的洞

在你被外星章魚（我知道這是你的性幻想）侵犯之前，你可以請伴侶在你身上所有的洞投注心力。有些人將之視為臣服，有些人則想像身體容納了對方，兩人合而為一。

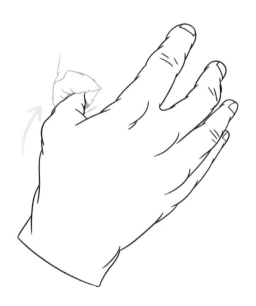

你認識色情網站上的教學分類嗎？

在上面可以學到一大堆東西，像是專業級口交、超酷的舔屄、情色按摩、譚崔等等。說實話真的超讚的，但認真搜尋也挺累的。

噗噗！

插入時或打掃時，被按肛門總是很令人開心。噗噗！

沒有腰帶的配戴式假陽具

你沒看錯,這是沒有腰帶的配戴式假陽具,最好有陰道以便配戴這個寶貝,不過你想塞進其它性別的身體裡都可以,只要這個人身上至少有一個洞即可⋯⋯

我建議肛交入門者先從小尺寸用起。對女同志的性行為也很理想,因為非常有肌膚之親的感覺。

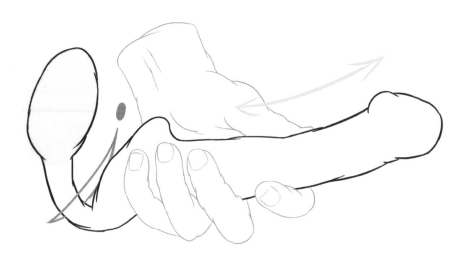

球形肛門注射器使用守則

噗噗噗啾！

有不少人會不時稍微清洗肛門。尤其是當
我們知道要被插屁股的時候。

以下是甘油球使用守則：

到藥局購買一顆球形肛門注射器，體驗一
下你的視線越過櫃檯與藥師四目相交，那
尷尬又不失禮貌的時刻。依照你的消化速
度，提前15分鐘至2、3個小時進行。

首先將（乾淨）的注射器裝滿溫水。壓扁
注射器，整顆沒入水中，使其吸滿水。

取出注射器，輕壓排出空氣。再度沒入水中，使球體水線到達邊緣。這個
步驟並非必要，不過可以避免你的屁屁灌滿空氣，在伴侶身邊放一個大
屁。接著移駕到廁所，將球形肛門注射器戳入你的屁股。在體內擠出水
份，最後放鬆但不要用力，讓充滿便便的水自然排出。重複一或兩次……
現在你終於準備好乾乾淨淨地肛交啦！

而且對偶爾發生的便秘問題也是超棒的解決之道！

喝茶時間！

覺得冷嗎？喝杯熱呼呼的茶，然後將雙唇放在靈感引導你前往之處。

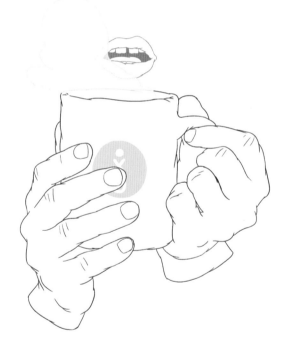

習慣色情片後就很難高潮

這是對於在影片面前很放鬆，但是無法在伴侶面前放鬆的人言。色情片固然實用，卻會讓大腦變得有點懶惰。我們會因此習慣現成的影像，面對真實的時候就會大失所望。

我並不是要說色情片不好，不過我注意到，當我們發揮想像力，或是專注於自己的快感時，這種高潮通常更令人滿足。

以下是走出對色情片依賴的步驟：

▶限制自己看色情片，直到完全不看為止，跨出第一步需要意志力。不過這是可行的！

▶戒掉色情片後，試著回想令你興奮的場景，嘗試不開電腦讓自己達到高潮。

▶第3步是要讓你的想像力運作。創造自己的性幻想，直到達到高潮。你也可以在文學或podcast中找到靈感。

▶現在你已經準備好腦中只有自己獨家的快感開關，不需要借助色情片來DIY了。這個過程會花上不少時間才能馴服大腦，不過保證值回票價！

性交可以是
一種選項，
而非目的。

呼……好熱啊，不是嗎？

天熱的時候，不妨吸吮冰塊，並將舌頭貼近伴侶的性器。在夏季時分保證透心涼！

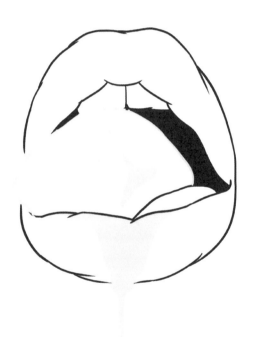

攤平

舌頭攤平，不要有一絲猶豫。這才是舔肛門的正確之道，不多不少剛剛

絕妙自慰的快感

這項神奇的儀式能夠幫助你開發身體的新界線，學習愛自己，或者單純重新學會慢慢來。首先，整理你的房間，使空間舒適宜人。你也可以在大自然中進行。忘了YouPorn吧！你用不到。手機和電腦關機（除非你想聽點音樂）。

關燈，點幾支蠟燭。想要香氛和放鬆感，不妨點一根線香，或著拿出你的精油擴香儀。準備一面鏡子、按摩油，以及假陽具（如果你沒有，也可使用洗淨的有機節瓜），然後播放音樂。

現在你準備好了，我們開始吧！

▶高聲說出你想要破除的障礙。
若你沒有什麼障礙要破除，也可以讓自己放鬆，或單純得放慢速度，總之隨你心情。
▶是時候在身上塗按摩油了。撫摸從頭到腳的每一吋肌膚。花點時間看看鏡中的自己。看看你在燭光下多　帥氣／美麗。珍惜這一刻。
▶接下來，由你決定該怎麼做。你可以嘗試新的自慰技巧；嘗試用假陽具肛交；用手指探索陰道和它的奧祕；嘗嘗精液的滋味等等。
▶總之，探索身體的方式有千百種，獨自一人進行是更往前一步的絕佳方式，因為沒有人在看你，因此無需感到羞恥。放手做吧，寶貝！

我的肛門放不開？

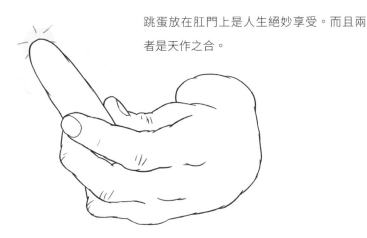

跳蛋放在肛門上是人生絕妙享受。而且兩者是天作之合。

人前床上兩個樣

好，並非證實每個人都是如此，不過一個人的性情可能會在做愛的時候完全轉變。內斂、害羞、低調等等的人，在床上可能會變得如狼似虎或是支配者。同理，外向或位高權重的人，可會在床上變得被動、膽小或是臣服。

性愛彷彿賦予一個空間，讓我們能擺脫日常生活中的身份，或從固定的外在形象中解放。有些人可能會說這是雙面人，但是我喜歡想成是我們在性愛中展現「原力的黑暗面」，這樣還能讓人生更健康呢！

小屁屁

充分濕潤的手指放在肛門上，畫小圓圈。多麼美妙的開端啊！

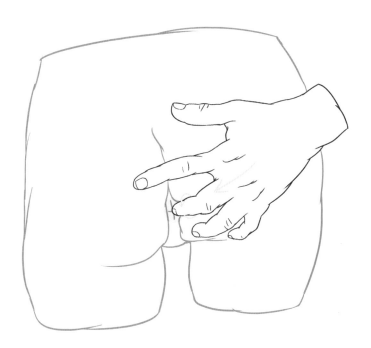

我才是主導者，跪安吧！

讓我們用給入門者的肛交小建議，為本書劃下完美句點吧。如果你從未嘗試過，我可以理解你對肛交的焦慮，尤其當你是要被插屁眼的那個人！但是放心吧，我有一個很棒的技巧，讓你可以度過美好時光。

請有老二的人不要動，如圖示握住他／她的陰莖／假陽具。重要的是，他／她必須理解絕對不可以試著猛然插入，即便只有一點點，因為這項體驗由你主導。你必須感到一切都在掌握之中，不該讓可能害你受傷的猛烈衝擊擺布，因此脫下你的小褲褲，你才是主導者！慢慢來，動作要輕要慢，感覺對了最重要。如果這麼做你會更安心，也可以由你負責握著他／她的陰莖／假陽具。尤其別忘了潤滑劑，一定會派上用場的。

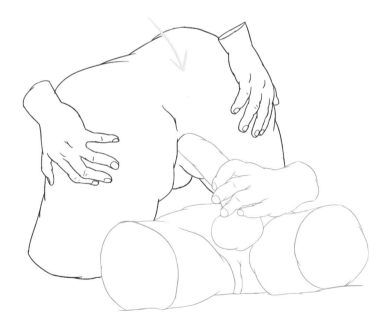

做愛後的簡報

為了精益求精，並且調整我們和伴侶的姿勢，我們應該花些時間討論優點和缺點。當然還有親吻……很多很多的吻。

該是下結語的時候了！

其實我還可以再畫一千張圖，永遠無法結束這本書，因為性方面實在有太多太多可以探討的事了。但是我的編輯給我壓力，而且我覺得自己需要找回正常的生活。做愛的時候還要做筆記，我向你保證這實在累死人了……

總之太棒了！你成功讀完整本包含所有性別的書了。除了想像讓你們進行有如高空鋼索般的腦袋運動的邪惡喜悅，我也希望這本書能發揮它的價值意義，並且在各個團體中皆然。

如果你在這項過程中只能記得一、兩件事，那麼，該是時候踏出舒適圈，或擺脫從出生以來就背負的傳統價值觀。我們要卸下過去曾激勵我們的性別印象，因為這些印象把我們封閉在充滿罪惡、痛苦又無趣的性裡面。性平等就從摧毀長期以來灌輸我們的禁令開始。沒有誰一定是被插或誰是插人的；不用問「誰當『男的』誰當『女的』」之類的問題；沒有誰是臣服者、誰是支配者（當然啦，除非這樣很令你興奮）。總之，沒有任何規則，只有全然自由、沒有羞恥和義務的肉體要展現自我。實不相瞞，實踐這個過程並不容易，我自己仍有許多待跨越的事物。而且說真的，我非常感激諸位的見證，讓我在過去一年中得以進步成長。互助真是美好的事。這項計畫也很美好，因為我不是獨自一人書寫……我們共有280000*人呢。（大心）

然後，就像標題說的：「我要閃人了！」

＊作者寫作時，其 IG 帳號 jouissance.club 的追蹤人數，台灣版出書時已達到 712000 人。

謝詞

感謝我生命中的男人／女人／非二元性別者激發我：

謝謝Damien Moreau曾是我人生中最重要的關係，讓我有一個可愛的孩子，並且教導我如何擁有自信。謝謝Takumi Kobayashi的樂高、所有的美好時光，還有對新體驗求知若渴，幫助我從頭到尾完成本書。謝謝Nicky Bruckert讓我發掘插入之外的性體驗。

謝謝Sil的優質性愛、熔岩巧克力蛋糕，即使在你的謝詞中也煩人的要死。

謝謝Bony，你是最性感的夥伴。

謝謝Jérémie Galan、Yann Lemeurnier。謝謝所有的前任和砲友們，很爛的也不例外。

謝謝Instagram上網友們充滿啟發性的貼文，使我的女性主義觀點變得更洗練。謝謝你們的支持，即使對有些人而言我們現今的構成並不相同：Delphine和Léa @Mercibeaucul、Lexie-Victoire Agresti @aggressively_trans、Fanny Godebarge @cyclique_fr、Chloé Dalibon @pointdevulve、Claudia Bortolino和Camille Dochez @cacti_magazine、Coline Charpentier @taspensea、Eva-Luna Tholance @ETholance、Lauren Villers @sheisangry、

Aliona @_laprédiction_、Florian Nardon @Violenteviande、Manon @lecul_nu、Anaïs Bourdet @anaisbourdet、@Irenevrose 的Irène、Noémie de Lattre @noemie.de.lattre、Marie Bongars @mariebongars、Justine Courtot @sang. sations、 Céline Bizière @lesalondesdames、Anaïs Kugel @projetmademoiselle、@princesseperinee的Sabrina 、Julia Pietry @Gangduclito、Camille Aumont Carnel @Jemenbatsleclito、Sarah Constantin 和Elvire Duvelle-Charles @clitrévolution、Dora Moutot @tasjoui、Guillaume Fournier @tubandes、@nouveauxplaisirs 的Adam （《Traité d'Aneros》作者）、Lucas Bolivard @meufsmeufsmeufs、Mathias Pizzinato @mathias.pizzinato。

感謝podcast播主Victoire Tuaillon（Les couilles sur la table）和Gregory Pouys（Vlan）。

謝謝我的朋友：Emmanuelle Cornut、Sarah Hafner、Julie Bonnel、Anna Nicolle、Pierre Maxime Soulard、Julien Montanari、Clémentine Peron、Elodie Mariani、Edouard Isar、Laura Salque、Sabrina Bouzidi、Elisabeth和Jordan Noblet、Jean Granon、Loll illems、Valentine Leboucq、Catherine Lesage、Alexandra Cuccia Vinrich, Gaëlle Ollé、Jérémie Morjane、Jérémy Vanderbosch、Aurélien & Mel Offner、Bertrand Gilbert、Stéphanie Cambus、Émilie Bich Ngoc、Lucia Dos Santos和Vincent Dolle、Pauline Meyer、Jean-Charles Thimonier、Véronique Borit、Nicolas Dez、Maxime Coubes、Charlotte Pisaneschi、Bénédicte Moret、

Laure Fournier、Marion Hedelius、Julien Grange、Julia Do、
Alice Laverty、Alice Cerisola、Alix Liaroutzos、Jeanne Tayol、
Frédéric Marc Marion、Miyo Ogawa、Mitsuho Koga、Arthur de
Pins、Lucie Rimey Meille、Cécile Sotton、Mélanie Fiot、Virgile
Brouard、Ferdinand、Charlotte Cornu、Mooly、Cyril Lebret、
Leny Saliège、Léa Pauc、Charles Boonen、Vincent Barbaté、
Jonathan Clément、Laurie Dauba、Alex Aster Tyack、Jérémie
Cortial、Marc Asseily、Margot Suzie、Stéphane Hirlemann、
Rodolphe Bessey、Benjamin Hervé、 Stéphane Marwal、Émilien
Sitnikow、Mattias Pages、Valentin Chéné、Louis Tournier。

謝謝我的家人：謝謝爸爸和媽媽的支持。謝謝表親Anthony和Camille
Boudong的寶貴幫忙。謝謝Giselle阿姨問候我的陰蒂，它很好，謝謝
你。謝謝其他從來不敢在檯面上討論這個開放話題的其他親人。

最後，謝謝Abel，我的兒子，我的愛，他在我想要放棄的時候，不自覺中
給予我前進的力量，因為有時候人生真的很爛。

歡愉俱樂部

JOUISSANCE CLUB
UNE CARTOGRAPHIE DU PLAISIR

人體性愛地圖，圖解每個性愛高潮點與花式攻略技巧

作者	茱諾·普拉（JÜNE PLÃ）
翻譯	韓書妍
審訂	許藍方
責任編輯	謝惠怡
美術設計	郭家振

發行人	何飛鵬
事業群總經理	李淑霞
副社長	林佳育
主編	葉承享
出版	城邦文化事業股份有限公司 麥浩斯出版
E-mail	cs@myhomelife.com.tw
地址	115 台北市南港區昆陽街 16 號 7 樓
電話	02-2500-7578
發行	英屬蓋曼群島商家庭傳媒股份有限公司城邦分公司
地址	115 台北市南港區昆陽街 16 號 5 樓
讀者服務專線	0800-020-299（09:30~12:00; 13:30~17:00）
讀者服務傳真	02-2517-0999
讀者服務信箱	Email: csc@cite.com.tw
劃撥帳號	1983-3516
劃撥戶名	英屬蓋曼群島商家庭傳媒股份有限公司城邦分公司
香港發行	城邦（香港）出版集團有限公司
地址	香港灣仔駱克道193號東超商業中心1樓
電話	852-2508-6231
傳真	852-2578-9337
馬新發行	城邦（馬新）出版集團Cite（M）Sdn. Bhd.
地址	41, Jalan Radin Anum, Bandar Baru Sri Petaling, 57000 Kuala Lumpur, Malaysia.
電話	603-90578822
傳真	603-90576622

總經銷	聯合發行股份有限公司
電話	02-29178022
傳真	02-29156275

製版印刷	凱林印刷傳媒股份有限公司
定價	新台幣399元／港幣133元
ISBN	978-986-408-649-8

2024年6月初版 2 刷 · Printed In Taiwan
版權所有·翻印必究（缺頁或破損請寄回更換）

國家圖書館出版品預行編目（CIP）資料

歡愉俱樂部：人體性愛地圖,圖解每個性愛高潮點
與花式攻略技巧/茱諾.普拉(JünePlã)作；韓書妍翻
譯. -- 初版. -- 臺北市：城邦文化事業股份有限公
司麥浩斯出版：英屬蓋曼群島商家庭傳媒股份有限
公司城邦分公司發行, 2020.12
　面；　公分
譯自：Jouissance club : une cartographie
du plaisir.
ISBN 978-986-408-649-8(平裝)

1.性知識 2.性關係

429.1　　　　　　　　　109020121